U0226298

农业水足迹与区域虚拟水流动解析

吴普特　王玉宝　赵西宁 等　著

科 学 出 版 社

北　京

内 容 简 介

本书深度解析了农业水足迹与区域虚拟水流动的理论、方法和应用，从灌区、流域和国家3个尺度探明了我国农业水足迹与区域虚拟水流动时空变化过程及其驱动要素。重在建立农业用水效率评价方法和应用案例，明确区域农业虚拟水流动格局及伴生效应，提出水足迹控制和虚拟水调控等农业水资源科学管理的新思路、新方法和新举措。书中详细阐述了农业水足迹与区域虚拟水流动概念的产生、发展历程与应用前景，在节水农业发展和农业水资源管理中的作用、价值、应用方法和案例分析，以及基于虚拟水和水足迹理论的水资源可持续管理策略等。

本书可为从事农业、水利等专业的科技人员、管理人员及相关专业院校师生提供参考。

审图号：GS（2019）3217号

图书在版编目(CIP)数据

农业水足迹与区域虚拟水流动解析/吴普特等著. —北京：科学出版社，2020.8

ISBN 978-7-03-064389-6

Ⅰ. ①农… Ⅱ. ①吴… Ⅲ. ①农田水利–水资源管理–研究–中国 Ⅳ. ①S279.2

中国版本图书馆CIP数据核字(2020)第017237号

责任编辑：李秀伟 / 责任校对：郑金红
责任印制：赵 博 / 封面设计：刘新新

科学出版社 出版
北京东黄城根北街16号
邮政编码：100717
http://www.sciencep.com
北京建宏印刷有限公司印刷
科学出版社发行 各地新华书店经销
*
2020年8月第 一 版 开本：B5 (720×1000)
2025年1月第三次印刷 印张：10 1/4
字数：207 000

定价：128.00元

(如有印装质量问题，我社负责调换)

著者名单

第 1 章　高学睿　吴普特　赵西宁

第 2 章　操信春　吴普特

第 3 章　刘　静　吴普特　王玉宝

第 4 章　孙世坤　刘　静　栾晓波　吴普特

第 5 章　孙世坤　刘　静　吴普特　王玉宝

第 6 章　卓　拉

第 7 章　王玉宝　赵西宁　操信春　吴普特

第 8 章　高学睿　吴普特　赵西宁

前　言

20 世纪 90 年代英国学者 Tony Allan 提出虚拟水概念并用于解决中东地区的缺水问题，即通过进口高耗水的粮食来代替当地的粮食生产，以保障当地粮食供给并缓解水资源短缺。2002 年荷兰学者 Arjen Y. Hoekstra 提出水足迹概念并用于分析人类因消费产品和服务所消耗的水资源量，以期为科学管理及合理高效利用有限水资源提供理论依据。虚拟水和水足迹概念的提出，为我们提供了一个重要启示：水资源的利用与管理不仅要重视实体水资源，也要重视虚拟水资源；同时，要从全产业链的视角，即产前、产中、产后等环节统筹考虑水资源的利用与管理。

近 10 年来，我们一直致力于基于虚拟水和水足迹的农业水管理科学研究，创新农业水管理理念，为管理节水提供新的理论与方法。在深入分析农业生产耗用水特征的基础上，较为系统地解析了"引水—输水—配水—灌溉—排水"农业水文全过程水足迹要素的形成和转化，构建了考虑不同尺度的农业生产水足迹量化模型，提出了新的农业用水效率评价指标；综合考虑粮食生产与消费，建立了区域农业虚拟水流动及伴生效应分析与评价方法，提出了农业水管理的新思路与新策略；为宣传和推行农业水管理新理念，从 2012 年开始出版系列《中国粮食生产水足迹与区域虚拟水流动报告》，与国际水足迹网络合作出版了译著《现代消费社会水足迹》，推动成立了世界水足迹研究联盟。

本书是我们团队近 10 年来关于农业水足迹和虚拟水流动的相关研究成果，较为详细地阐述了农业水足迹与区域虚拟水流动的理论与方法，从灌区、流域和国家 3 个尺度探明了我国农业水足迹与区域虚拟水流动时空演变过程及其驱动要素，分析了区域农业虚拟水流动格局及其伴生效应，提出水足迹控制和虚拟水调控等农业水管理的新思路、新方法和新举措。笔者切盼此项工作能够得到本领域专家学者的关注，引起政府相关部门的重视，尤其是能为我国发展节水农业，以及实施最严格的水资源管理制度提供一定的参考。

全书由吴普特组织撰写并提出编写提纲，由王玉宝、孙世坤和栾晓波统稿，吴普特和赵西宁主审。本书撰写过程中，研究生阴亚丽、滑恩、王心雨参与并做了大量工作。由于笔者的水平与认识所限，对有些问题的认识和判断还有待进一步深化，书中不足之处恳请大家批评指正。

吴普特　王玉宝　赵西宁

2019 年 5 月

目　录

第1章　概　　论

本章首先介绍虚拟水和水足迹的基本概念及相关理论的产生、发展历程与应用前景，在此基础上进一步分析了传统农业水管理存在的不足及用水效率评价指标体系存在的缺陷。同时，指出当今农业水管理面临的新挑战，提出将虚拟水和水足迹理论用于农业用水效率评价与农业水管理的科学设想和方法路径。基于上述分析，提出了本书的编写构架及主要内容。

1.1　虚拟水和水足迹概念

随着人类文明的进步和经济社会的快速发展，日益增长的水资源需求、不断恶化的水环境及不合理的水资源利用方式加剧了水危机，也逐渐深化了人们对水资源演变规律的认识，更新着水资源管理理念。20世纪末期，伴随区域间贸易量不断增大，实物交换所引起的区域间虚拟形态水资源贸易量越来越大，传统的单纯考虑实体水资源的水管理理念表现出较大的局限性，虚拟水的概念由此而生。1993年，英国学者Tony Allan创造性地提出了虚拟水概念。虚拟水首次提出时，主要是衡量生产农产品过程中所消费的水资源量。随后，虚拟水概念不断发展完善，适用对象从农产品变为更广泛的各类产品或服务。2002年荷兰学者Arjen Y. Hoekstra对虚拟水概念进一步拓展，提出了水足迹理论，实现了对人类活动引起的不同类型水资源消耗及水质影响的综合定量评价。与传统水资源评价体系相比，水足迹外延和内涵更为丰富，因此在功能上能更好地反映人类对水资源的需求和利用状况。

总体而言，虚拟水和水足迹理论的提出更加真实地反映了人类社会对水资源的利用和水资源流动情况，揭示了水资源作用于经济社会价值效用的本质，是一种新的水资源观（吴普特等，2016）。从水资源的学科发展来看，虚拟水和水足迹理论拓宽了水资源的认知范畴，对更广视域下的水资源利用规律具有独特阐释力，促进了水资源管理观念及制度的创新，为区域水资源的高效管理和战略储备提供了一种新选择，受到了多学科领域学者及专家的高度关注。虚拟水和水足迹理论的产生及不断拓展完善的研究方法，为评价区域水资源承载力、确定水资源配置方案及制定国家或地区水资源战略和贸易体系提供了重要依据。

（1）虚拟水

虚拟水（virtual water）是指在生产产品或服务过程中所需要的水资源量，即凝结在产品和服务中的水资源量（Allan，1997）。英国学者 Tony Allan 于 1993 年首次提出虚拟水概念，并将虚拟水定义为“生产农产品所需要的水资源量”（Allan，1993）。随后，虚拟水概念被进一步扩展和完善，适用对象从农产品变为更广泛的产品或服务，也形成了虚拟水的准确定义。伴随着虚拟水理论的进一步发展完善，包括虚拟水含量、虚拟水贸易、虚拟水流动、虚拟水平衡等概念被相继提出，经济社会虚拟水流动理论框架逐步建立。

虚拟水不是真实意义上的水，而是以“虚拟”的形式包含在产品中的“看不见”的水，因此也被称为“嵌入水”和“外生水”。“外生水”是指进口虚拟水的国家或地区使用了非本国或本地区的水（张志强和程国栋，2004）。因此对于水资源短缺的国家或地区而言，进口粮食不仅是在购买粮食，也是在进口水资源。从虚拟水的概念可以看出，进口粮食变成了一种缓解本区域水资源短缺的有效途径。

虚拟水具有三个主要特征：第一，非实物性。也就是说，虚拟水不是真实意义上的水，而是以“虚拟”的形式包含在产品中的“看不见”或“虚拟”的水。第二，社会交易性。虚拟水是通过商品交易即贸易来实现的，没有商品交易或服务就不会发生虚拟水的“流动”。例如，生产 1kg 小麦，需要消耗 $1m^3$ 的水，那么进口 1t 小麦，从水资源利用的角度讲，就是从出口地进口了 $1000m^3$ 的水。第三，便捷性。由于实体的水贸易及跨流域调水距离较长、成本高昂，这种贸易在具体操作上具有较大困难，而虚拟水以“无形”的形式附存在产品与服务中，相对于跨流域调水而言，其便于运输的特点使其成为提高全球或区域水资源效率、保障缺水地区水安全的有效工具（纪尚安和周升起，2008）。

虚拟水的概念一经提出，在全球范围内引起了广泛的反响与共鸣。2002 年以虚拟水为主题的第一次国际会议在荷兰代尔夫特（Delft）召开，2003 年 3 月在日本东京举行的第三次世界水论坛上对虚拟水问题进行了专门讨论（马静等，2004）。这两次会议极大地推动了虚拟水在全球范围内研究工作的开展。最近十几年来，不同的研究者从不同的角度对虚拟水理论进行了讨论。随着研究者对虚拟水认识的不断深化，不但使虚拟水的概念更加丰富，而且将研究方向从水量扩展到水质，从水资源扩展到生态保护。

虚拟水是一个重要的研究方法和工具。首先，它将水与产品（特别是农产品）生产联系起来，强调农产品的生产不仅来自传统蓝水资源（地表水和地下水），也来自土壤水（绿水资源）。其次，它是一个扩展的概念，通过贸易实现水资源在国家或地区间的交换。虚拟水概念的引入对水资源合理配置、水资源承载能力、水资源高效利用研究具有重要意义。此外，虚拟水概念的提出还突破了水资源研究必须围绕“实体水”本身开展的观念束缚，拓宽了水资源研究的范畴，是一种新的水资源观。虚拟水概念提出的意义在于：①它为缓解国家或地区出现的水资源短缺、保障缺水地区的粮食安全和水安全提供了全新的思路；②它为全球范围内的水资源优化配置、经济结构调整、水资源的高效利用等提供了新思路和新方法，提出了一条解决干旱地区缺水问题的新途径（王红瑞等，2008）。

（2）水足迹

水足迹是评价人类生产和消费活动对水资源占有和影响的指标，包括对水资源的消耗和水环境的影响。而水资源的消耗不仅包括消费者或生产者的直接用水，也包括间接用水。有别于传统的取用水指标，产品的水足迹是指用于生产该产品的整个生产链中耗水量的总和。它是一个体现消耗水量、水源类型及污染量和污染类型的多层面指标。一般来说，水足迹的所有组成部分都明确了水足迹发生的时间和地点。水足迹分为蓝水足迹、绿水足迹和灰水足迹。"蓝水足迹"是指产品在其供应链中对蓝水（地表水和地下水）资源的消耗（"消耗"是指流域内可利用的地表水和地下水的损失，当水蒸发、回流到流域外、汇入大海或者纳入产品中时，便产生了水的损失）。"绿水足迹"是指对绿水（存储在土壤中的有效降水）资源的消耗。"灰水足迹"是与污染有关的指标，定义为以自然本底浓度和现有的环境水质标准为基准，将一定的污染物负荷稀释到特定浓度所需的淡水体积（Hoekstra，2003）。

目前，大多数用水统计数据只关注传统水资源（蓝水）的使用量。Hoekstra 等（2011）指出了水足迹在一些方面与"用水量"的传统衡量方法存在的不同，其中最重要的区别为水足迹同时包括消费者或生产者的直接用水和间接用水。另外，水足迹有以下 3 个方面的特点：①水足迹不仅指示蓝水消耗（蓝水足迹），还可同时指示绿水消耗（绿水足迹）和污染程度（灰水足迹）。②水足迹为解释消费者或生产者与淡水使用之间的关系提供了更广泛的视角，它是水消耗和水污染的量化工具。③水足迹从时间和空间上明确了不同用途对水资源的占用量。它们能满足水资源可持续性利用和公平分配的要求，并且可为区域环境影响评估、水资源承载力评价等奠定基础（Hoekstra，2014）。

总体而言，水足迹概念将人们的生产、消费活动与水资源的消耗和污染联系起来，让人们意识到水资源的消耗和污染最终是与生产、消费产品的类型和数量密不可分的。与此同时，水足迹作为与人们生产、消费有关的用水指标，将水足迹与可利用水资源量结合起来，能够揭示水资源压力或危机状态，为水安全战略应对研究提供重要基础（周玲玲等，2013）。

（3）虚拟水和水足迹的区别和联系

水足迹在虚拟水概念的基础上进行了扩展，它作为与经济社会活动消费有关的用水指标，把虚拟水和人类的产品消费联系起来，开拓了社会水文学定量化研究的新领域。两者同时作为水资源管理工具存在一定联系，但也存在诸多区别

（诸大建和田园宏，2012）。首先，虚拟水和水足迹两者的研究范围不同。虚拟水从商品流通的角度研究用水，主要研究参与交易的商品中内嵌的用水量。水足迹则通过研究个人、家庭、部门、行业、城市到整个国家生产或者消费的产品中消耗的水资源量，从生产者和消费者的角度研究用水。其次，虚拟水和水足迹两者的研究角度不同。虚拟水从生产者角度研究从产品生产之初到产品成型所消耗的水量，不同国家或地区生产某种商品所消耗的虚拟水量是不同的。水足迹在虚拟水研究的基础上，将研究角度拓展到了消费者。最后，虚拟水和水足迹两者的研究意义不同。国家或地区间的虚拟水贸易可以缓解因地区间水资源分布不均而造成的水资源短缺问题，解决因此而引发的地区冲突，实现水资源和粮食供应安全。水足迹通过研究生产或者消费的产品中包含的虚拟水数量，可以改变生产者或者消费者的行为，提高用水效率（黄晶等，2016）。

1.2 虚拟水和水足迹概念的提出、发展历程及应用前景

（1）虚拟水和水足迹概念的提出背景

当今社会，随着人口的增长、经济的快速发展，人类对水资源的消耗量日益上升。水危机成为国际社会关注的焦点，全球有 40 多个国家和地区正遭受着水资源危机。根据世界水理事会（World Water Council，WWC）报道，预计 2025 年将会有 30 多亿人口面临水资源短缺问题。因此，水资源危机被列为全球可持续发展面临的最大风险之一。

早在 1975 年，欧盟成员国就水管理立法开展研究，在跨界跨河流的水源保护、预防和控制水污染、水资源开发利用和保护、城市水务一体化管理等方面取得较大进展。进入 21 世纪，在气候变化和人类经济社会活动的双重作用下，流域水资源系统的快速演变和经济社会对稀缺性水资源的超量利用，使水资源系统的稳定性和可持续性遭到较大破坏。目前，全球各地均受不同程度水资源短缺问题的困扰。由于水资源的极度短缺，约有 3 亿非洲人过着十分贫困的生活，全球每年有 300 万到 400 万人死于与水有关的疾病。为争夺水资源而引起的社会矛盾和政治冲突时有发生。中东总是给人以“油比水还便宜”的印象。虽然，中东拥有世界最丰富的石油资源，储量占全世界储量的 65%以上，但它同时是一个水资源极度缺乏的地区，在全球 20 个最缺水的国家中就有 11 个位于中东。从水资源的特性来看，它既是具有天然属性的自然资源，又是具有经济社会属性的经济资源，因此，水资源的可持续利用与管理不仅要重视水作为自然物质本身的运动规律，也应考虑水资源在经济生产和社会消费过程中的价值流动特性。统筹实体水和虚拟水管理将成为当今水资源管理领域的重要命题。

水作为生命之源、生产之要、生态之基，对推动人类社会的发展和进步具有重要作用。人类的生存离不开水，水环境保护及合理开发利用水资源，关系到人类发展的切身利益（徐中民等，2013）。在人口增长和经济发展及气候变化等多重因素的影响下，特别是在自然及人为驱动力的直接或间接影响下，水生态系统日趋退化、水资源供给能力严重萎缩已成为世界性难题。无论是世界上缺水最严重的非洲，还是在“油比水还便宜”的中东，或是由于水资源分布不均而导致的区域性缺水的美国及资源性缺水的日本，都无一例外地面临水资源短缺的难题。所以，探索破解水资源危机的新途径已迫在眉睫。

在 1993 年的伦敦大学亚非学院（SOAS）研讨会上，Tony Allan 教授首次提出了虚拟水概念。随着虚拟水研究的不断深入，经一系列学者大量的研究拓展，提出了虚拟水贸易、虚拟水战略等与之相关的概念。虚拟水的概念是站在战略和管理高度的研究，其提出之初的目的是引导中东与北非地区政府制定有效的水资源管理政策，以解决中东与北非地区的水资源短缺问题。虚拟水理论结合了农业科学和经济学的思想，强调了水是农业生产乃至整个经济社会发展的关键要素。农业科学关注的是生产粮食需要消耗水资源，而经济学关注的是粮食生产用水具有多种机会成本，投入粮食生产的水可以用于其他用途，如生产替代作物或供应城市、工业和娱乐活动用水等。这两方面含义的结合意味着虚拟水理论能够提供合理的水资源管理策略，在综合考虑影响水资源供求的各方面因素基础上优化其配置。

水足迹不仅为虚拟水的计算提供了重要参数，还实现了从生产者和消费者角度系统地研究用水，是多维的水资源表征指标。虚拟水和水足迹理念打破了将水资源管理局限在某地区或者流域内，人们开始将全球水资源一起作为研究对象，寻求生产、消费、区域贸易与水资源利用之间的关系。

（2）虚拟水和水足迹概念及相关理论的发展历程

虚拟水和水足迹的发展大致分为 4 个阶段。第一阶段：1993 年之前，虚拟水概念萌芽阶段。在虚拟水概念提出前，Tony Allan 曾经使用过嵌入水、Haddadin（2003）使用过外生水，McCalla（1997）使用过水-粮食贸易结合体的概念来表达与虚拟水相似的含义，但当时未引起广泛的注意。第二阶段：1993~2001 年，虚拟水概念正式提出阶段。虚拟水概念正式提出的标志是 1993 年 Tony Allan 在伦敦大学亚非学院水问题研究组会议上讨论了 *Virtual water*：*a long-term solution for water short Middle Eastern economics*（《虚拟水：解决中东经济缺水的长期方案》）一文。此后，虚拟水概念逐渐得到了人们的接受，相关研究也相继展开。第三阶段：2002~2015 年，水足迹理论的发展时期。2002 年 Hoekstra 提出水足迹的理论推动了虚拟水量化领域的研究进程。水足迹定义为“一个人或任何已知人口（一个国家、一个地区）在一定时间内消费的所有产品和服务所包含的水资源量”。2003 年

3 月在日本京都召开的第三届世界水论坛及 2003 年 8 月在瑞典斯德哥尔摩召开的水问题会议都对虚拟水和水足迹进行了专题讨论。2008 年，全球水足迹评价网络建成。2015 年，世界水足迹研究联盟成立。第四阶段：2016 年至今，虚拟水和水足迹研究拓展阶段。吴普特等（2016）提出的实体水-虚拟水“二维三元”耦合流动理论推动了将虚拟水融入水资源管理体系的研究进程，相关学者开始探索通过虚拟水手段调控水资源、解决水问题的方法。传统的水资源管理模式进一步拓展，开始了从虚拟水角度解决水资源问题的尝试性研究。

目前，国内外有关虚拟水的研究主要围绕产品虚拟水核算、区域虚拟水贸易评估、虚拟水变化机制分析等方面开展。虚拟水核算的方法主要有两类，分别是以生产树法为代表的自下而上的方法和以投入产出法为代表的自上而下的方法。从实践应用层面来讲，特定产品虚拟水含量的核算，是近年来国际上虚拟水研究的主要内容（夏骋翔和李克娟，2012）。

区域虚拟水贸易评估核算方法同样可以分为自上而下和自下而上的方法。其中，自上而下的方法是从产品生产角度计算区域虚拟水，本地产品的虚拟水等于区域内部的农业、工业和第三产业的生产耗水量，调入的虚拟水则等于其产地生产这些产品的耗水量。自下而上的方法则是从产品消费的角度计算区域虚拟水，居民和政府消费、固定资本形成和调出、调入各项虚拟水含量都可以用该项用途的产品或服务的消费量乘以单位产品或服务的虚拟水含量而得出。

目前，国内外有关水足迹的研究主要围绕产品水足迹与区域水足迹评价、基于水足迹的区域水资源安全评价和区域水足迹可持续性评价等方面。

产品水足迹与区域水足迹评价：一种产品的水足迹是指该产品的整个生产供应链中的用水量之和。目前研究着重对全球农产品及其衍生产品、畜产品及其衍生产品、林产品及生物能源的水足迹进行核算。区域水足迹评价是流域水资源管理的有效途径；国际上较多开展了全球及国家尺度的水足迹核算，也有少量学者完成了国家尺度以下的区域和流域水足迹核算。吴普特等（2012）基于粮食生产水足迹量化方法对中国省级行政区粮食生产水足迹与区域虚拟水流动开展了长期、系统的研究。

基于水足迹的区域水资源评价：研究者构建了水资源自给率、水资源进口依赖度等衍生指标深入分析区域水足迹构成，进一步发展了水资源匮乏指数、水资源压力指数等定量评价指标（马晶和彭建，2013）。

区域水足迹可持续性评价：评价区域水足迹的可持续性首先要确定可持续性标准并进行量化，通常是根据实际水资源可用量和水环境条件确定其阈值范围；其次要确定水足迹不可持续（水资源匮乏，水污染严重）的热点区域；最后根据水资源短缺程度和水污染严重程度，明确水足迹不可持续性问题的严重等级，进而根据具体需要分析热点区域产生的初级影响和次生影响（吴兆丹等，2013）。

（3）虚拟水和水足迹理论在水资源管理中的应用前景分析

虚拟水理论的出现拓展了传统水文水资源系统的认知理念，在实体水资源的认知维度上增加了以水资源的效用价值流动为研究对象的虚拟水资源认知维度，同时也丰富了水文水资源演变过程的研究内容。除传统的以“降水—蒸散—径流”为路径的天然水文过程和以“取水—用水—耗水—排水”为路径的社会水循环过程以外，增加了隐含在商品服务中的虚拟水资源在经济社会中的贸易、流动、消费和耗散过程的研究内容。可以预见，在经济全球化和高度商品化的背景下，实体水-虚拟水耦合流动规律将成为变化环境下水文水资源系统的最本质特征之一。在深入认识实体水-虚拟水耦合流动规律的基础上，水资源管理将迎来新的变革（诸大建和田园宏，2012）。其应用前景可表现为以下3个方面。

虚拟水贸易（或称为虚拟水战略）：是指一个国家或地区（一般是缺水国家或地区）通过贸易的方式从另一个国家或地区（一般是水资源丰沛的国家或地区）购买水密集型农产品或高耗水工业产品，目的是解决该国家或地区经济社会发展中的水资源短缺问题。虚拟水贸易增加了水资源管理的决策空间，拓宽了水资源研究问题的范围（邹君等，2010）。虚拟水贸易的实施建议：①引入市场机制，大力发展节水灌溉；②合理开发利用水资源，促进农业可持续发展；③合理调整农业种植布局，扩大具有水足迹比较优势的作物种植面积；④实施实体水-虚拟水耦合配置，多维度保障区域水资源安全。

水安全与可持续利用：单纯地依靠实体水调配和管理不能从根本上解决我国缺水地区的水资源问题，也不能解决中国粮食安全与水资源可持续问题，需要统筹考虑实体水调度与虚拟水配置，实施区域虚拟水补偿制度，实现区域水资源可持续利用。建议措施：①发展适水农业，提高水资源利用效率；②优化水资源配置，实现效益最大化；③实施虚拟水补偿，确保区域可持续发展。

水-能源-粮食协同安全：在水-能源-粮食纽带关系中，水资源是最核心的决定性因素。粮食生产和能源生产是耗水最多的两大产业，粮食贸易和能源输运过程又伴随着大量的虚拟水流动。应对方略：①优化产业用水结构；②提高水资源效率，降低生产水足迹；③设计节水和虚拟水输出补偿框架，促进均衡发展。

1.3 传统农业用水效率评价体系和农业水管理面临的挑战

水资源是基础性的自然资源和战略性的经济资源。随着人口增长与经济社会发展，人类对水资源的需求不断增长，这与水资源的有限性产生了矛盾。同时，受到气候变化的影响，全球温度、降水格局都将发生变化，将会给区域水资源状况和农业生产带来不确定性。据报道，全球每年农业灌溉用水量约占总用水量的70%。随着水资源短缺问题的加剧，科学评价农业生产过程中水资源的利用状况具有重要意义。以往针对农业用水的研究主要以灌溉用水（蓝水）作为评价对象，对农业生产过程中蓝水与绿水（降水）资源利用情况进行综合评价的较少。作为陆地生态系统中土壤-植被系统耗水的主要来源，绿水对维持陆地生态系统和雨养农业粮食安全具有重要作用。水足迹概念的提出为农业用水的科学管理提供了一个新视角，它可以真实地反映作物生长过程中消耗水资源的类型、数量和用水效率，拓宽了传统水资源评价体系，为合理高效地利用水资源提供决策依据。

（1）传统农业用水效率评价指标的局限性

我国是世界上粮食消费数量最大的国家，粮食安全成为维护国家安全的首要问题。水资源是维持农业生产以支撑人类生存和经济社会发展的根基。对农业用水效率进行评价，掌握农业生产各环节实际用水情况，对不断提高农业用水效率和效益，推进农业节水发展，保障水资源可持续利用具有重要的理论意义和应用价值。

鉴于我国人口、水资源及农业生产空间格局现状，不同区域及尺度下的农业用水效率评价一直是农业水利及相关学科研究的热点。农业生产用水效率评价以传统的水资源利用率和利用效率为主要内容。当前，国内对灌溉水利用效率的研究主要围绕渠系水利用系数和田间水利用系数的测定方法、计算公式及其修正等方面。汪富贵（2001）提出分别反映渠系越级现象、回归水利用及灌溉管理水平3 个系数。沈小谊等（2003）提出了考虑气候、渠系流量、回归水、管理水平和工程因素影响，采用基于动态空间模型的灌溉水利用系数方法计算，并以广西玉林地区两个灌区为对象进行实证研究。蔡守华等（2004）在综合分析现有农业用水评价指标不足的基础上，提出用“效率”替代“系数”，在渠系水利用效率及田间水利用效率之上增加作物水利用效率。水分生产率方面，起初学者多关注农田尺度上的作物水分利用效率（WUE），随后逐渐发展到不同尺度不同水分生产率指标的核算与分析，其尺度也从田间、灌区扩大到流域甚至全国。段爱旺（2005）将水分利用效率分为农田总供水利用效率、田间水分利用效率、灌溉水利用效率及降水利用效率 4 种类型。胡广录和赵文智（2009）系统分析了黑河流域洪水河灌区小麦灌溉水分生产率在不同空间尺度上的变化规律。陈皓锐等（2013）以实际观测数据和相关气象数据为基础分析了华北平原的石津灌区小麦水分生产率及其尺度效应。

尽管农业用水效率评价在指标的概念发展上取得了丰硕的成果，但是传统水资源利用评价主要以蓝水作为指标，忽略了绿水资源的利用且只关注直接用水量，作为陆地生态系统中土壤-植被系统耗水的主要来源，绿水对维持陆地生态系统和雨养农业、粮食安全具有重要作用，所以传统农业用水效率评价指标不能全面地反映水资源消耗情况，具有局限性。其次，传统水资源利用评价指标只针对水量，忽略对水质的评价，忽略了人类活动在消耗水资源的同时对水环境的影响（段佩利，2016）。另外，传统水资源利用评价指标多局限于生产活动本身，而忽略了社会消费活动对水资源利用与消耗的影响。

（2）传统农业水管理的局限性

以我国为例，农业用水量占全国总用水量的60%左右，是我国用水最多的部门，在水资源利用中占绝对的主导地位。随着经济社会的发展，其他非农部门对水资源需求的增加将会挤压农业用水的空间。同时，我国水资源时空分布不均且水土资源分布错位，全国大部分地区6~9月的降水量超过全年总量的60%。过于集中的降水不能被作物充分吸收利用，使得大量的水资源得不到有效利用。占国土面积65%、人口40%和耕地51%的长江、淮河以北地区的水资源量仅为全国的20%左右。区域间水土资源不均衡及区域水资源的相对短缺已经成为影响农业生产和制约国家粮食安全的瓶颈性因素（吴普特等，2010）。因此，在农业用水量受限的情况下，需要在水资源利用效率提升的前提下合理配置和科学管理有限的水资源。然而传统的农业水管理体系把管理对象局限于实体水资源，忽略了农产品中内嵌的虚拟水资源对经济社会的影响。

从水资源的特性来看，它既是具有天然属性的自然资源，又是具有经济社会属性的经济资源，因此，水资源的可持续利用与管理不仅要重视水作为自然物质本身的运动规律，也应考虑水资源在经济生产和社会消费过程中的价值流动特性。传统水文水资源学科以水循环过程认知和水资源高效利用为目的，建立了以实体水的“运动—演变—利用—影响”为路径的理论架构。在上述理论支撑下，人们运用调蓄工程、跨流域调水工程、海水淡化工程、节水型社会建设、水权制度建设、最严格水资源管理等多种措施实现水资源的开源取用和节流增效，追求水资源利用效率的提升和水资源系统的可持续发展。事实证明，实体水资源的增加供应、优化分配和节约使用等措施并不能完全解决区域的水资源问题，尤其在高度市场化和经济全球化的大背景下，社会产品的自由竞争和区域发展的不均衡性进一步加剧了贫水地区的水资源供需矛盾，这种矛盾通过实体水资源的调度和调控已难以解决。

虚拟水和水足迹理论的提出为农业用水管理提供了新的视角。在自然-经济-社会水循环系统中，大量的水运移过程是以虚拟水的形式进行，虚拟水流动的实质是水资源的价值随着社会贸易和消费而流动的过程，自然-经济-社会水循环过程必然伴生着实体水-虚拟水耦合流动的复杂过程。因此，实体水-虚拟水耦合流动过程的解析和模拟将成为现代水资源管理学科的重要研究任务，是真正深入认识现代水循环驱动机制和演变规律的切入点。新时期，农业水管理在提高水资源利用效率的基础上，应重视实体水-虚拟水的统筹管理。

（3）虚拟水和水足迹理念应用于农业水管理的科学设想

虚拟水和水足迹理论的提出拓展了水资源的认知框架，丰富了水资源管理手段，是对传统水资源管理科学体系的一次重要创新。从农业水管理角度来看，虚拟水和水足迹理论的产生和应用在三个层面对农业水管理产生重大影响。

1）水足迹控制标准问题

对全球小麦的研究指出，生产单位产量小麦的水足迹（蓝水和绿水足迹之和）的全球平均值为1620L/kg，但全球约20%的小麦产量，其水足迹小于1000L/kg。对棉花的研究也指出，生产单位产量籽棉的全球平均水足迹为3600L/kg，但单产水平最高的前20%的籽棉，其水足迹仅为1820L/kg，甚至更少。对于每一种作物，根据不同地区和同一地区不同农田生产单位产品水足迹的差异，都可建立一个具体的基准，这一水足迹基准可以作为作物用水管理中的重要参考指标。对某种作物,可以选择其水分生产力最高的前10%或20%的产品水足迹定为其基准水足迹。该基准的确定可以在一个区域内进行，也可以不在一个区域内进行，需重点考虑不同区域的环境条件（气候、土壤）和发展水平的差异（Hoekstra，2013）。

另外一种确定各用水活动水足迹基准的方法是定义“应用可获取的最优技术”，并将采用该技术时的水足迹作为基准值（Hoekstra，2013）。在农业灌溉方面，可以实现精准灌溉的微灌技术远比喷灌先进，可以选择采用微灌技术的产品水足迹作为基准。不同用水过程中的基准水足迹可以作为农民和企业节水努力的目标，也可以为政府向不同用户分配水足迹许可时提供参考。不同领域内的行业协会可以制定水足迹基准值，同时政府也可以在这方面采取举措，包括制定法规或立法，并淘汰落后的用水技术。包括多个用水过程的最终水足迹基准的确定，可以根据供应链信息，将消耗的所有零部件、原材料的基准水足迹相加得到。

2）加强农业用水补偿制度建设

农业用水补偿是一个综合性的概念，即农业生产用水补偿，包括农业用水价格补偿、虚拟水补偿、农业节水投入补偿和水权转让的综合补偿方式（杨振亚，2017）。首先是农业用水价格补偿。我国法律明文规定，水资源属于国家所有，使用者应该按照规定向供水单位缴纳用水费用。农业用水价格的制定需要基于农业用水户对水价的承受能力，价格过低节水效果差，价格过高则超出农户承受能力，虽然对农业用水量的调控良好，但损害了农户利益，与国家补偿农业生产的初衷不符。因此，为了更好地进行农业节水，需要对超出农户承载能力的农业用水价格进行补偿。虚拟水补偿是指由农产品流入区对农产品输出区进行补偿。虚拟水输入区因虚拟水流入节约了本地的水资源，并将其用于高收益的劳动生产并从中获益，需要对虚拟水输出区进行补偿。虚拟水补偿需要将市场调控和政府调控相结合。农业节水投入的补偿对象是针对主动节约用水的主体。一般情况下，政府为了提高节水主体的积极性，将节约的水资源转移到其他部门以实现水资源的高效配置，并通过资金、实物、技术、政策等途径给予节水主体补偿。建立水市场、实行水权转让对农业节水进行补偿，合理健全的水市场具有优化水资源配置、促进各用水户节水的作用，并且为市场中各参与方创造经济效益。

3）实施实体水-虚拟水统筹管理与联合配置

实体水-虚拟水资源联合配置理论是把虚拟水纳入传统以实体水为研究对象的水资源配置理论中，在关注水资源作为自然物质本身的运动规律的同时，考虑水资源在经济生产和社会消费过程中的价值流动特性。在认识实体水-虚拟水耦合流动基本规律的基础上，以区域用水差异最小化、用水成本最小化、水环境影响最小化为目标，统筹实体水和虚拟水利用，开展全口径水资源（实体水和虚拟水）配置和利用，拓展了传统的水资源系统规划、配置和调控手段，将虚拟水贸易作为解决区域水资源短缺问题的主要措施之一，实现区域水资源的全面、高效和可持续利用。

1.4 本书架构及内容安排

本书分为 8 个主要章节，采用总—分—分—总式的结构，从概论部分（第 1 章），到基础方法（第 2 章至第 4 章），再到实际应用分析（第 5 章至第 7 章），最后总结展望（第 8 章）。

概论部分：书中内容第 1 章。主要介绍虚拟水和水足迹的基本概念，以及虚拟水和水足迹概念的产生、发展历程与应用前景，从而进一步分析传统农业水管理存在的不足及用水效率评价指标体系存在的缺陷，提出将虚拟水和水足迹理论用于农业用水效率评价与农业水管理的科学设想。

基础方法部分：包括第 2、3、4 章内容。第 2 章主要论述水足迹用于农业用水效率评价的科学性、可行性，以及如何解决传统农业用水效率评价指标体系的不足与缺陷；第 3 章主要论述基于虚拟水流动调控的农业水管理科学设想，从而有效地解决目前农业水管理面临的新挑战，丰富管理节水内涵与技术途径；第 4 章主要论述农业水足迹估算方法，区域虚拟水流动计算与评价方法，目的在于为利用农业水足迹进行农业用水效率评价，以及基于虚拟水流动调控的农业水管理提供方法依据。

实际应用分析部分：包括第 5、6、7 章内容。第 5 章介绍农业水足迹与区域农业虚拟水流动灌区尺度分析应用案例，以河套灌区为研究对象；第 6 章介绍农业水足迹与区域农业虚拟水流动流域尺度解析应用案例，以黄河流域为研究对象；第 7 章介绍农业水足迹与区域农业虚拟水流动国家尺度解析应用案例，以全国为研究对象。

总结展望部分：书中内容第 8 章。在总结农业水足迹与区域虚拟水流动解析研究进展的基础上，重点论述了虚拟水和水足迹领域若干研究热点问题与理论发展趋势，对基于虚拟水和水足迹理论的水资源可持续管理策略进行了探索。

本书编排目的在于为农业水科学管理，实现农业绿色发展提供新的思路、方法与工具，以及相关的理论支撑等。

本书的研究路线和框架如图 1-1 所示。

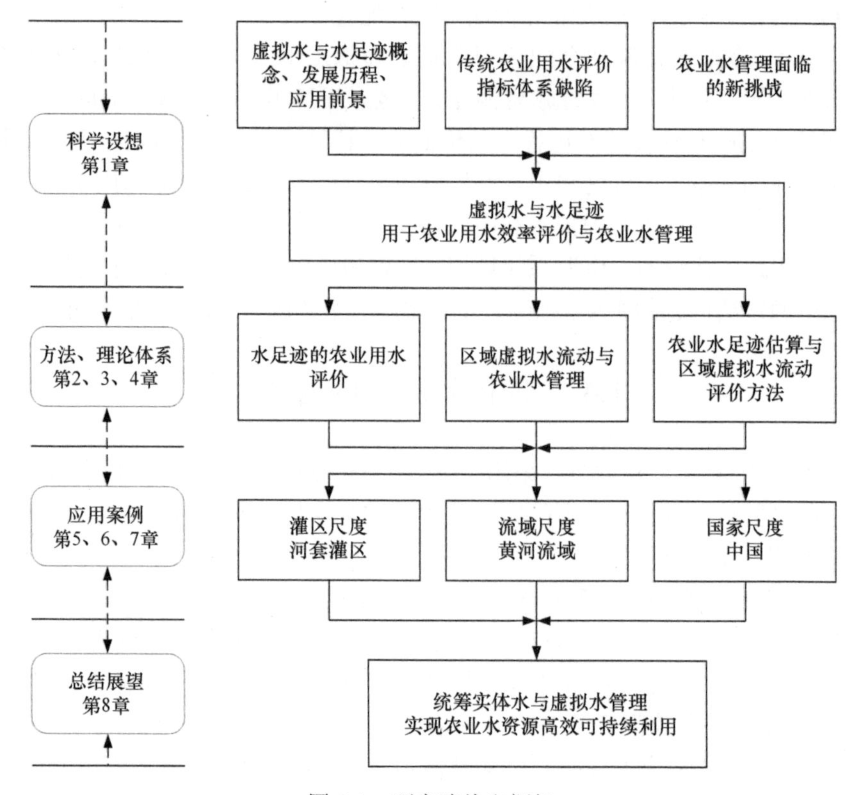

图 1-1　研究路线和框架

参 考 文 献

蔡守华, 张展羽, 张德强. 2004. 修正灌溉水利用效率指标体系的研究. 水利学报, 35(5): 111-115.

蔡振华, 蔡龙. 2012. 虚拟水和水足迹理论在中国的应用. 绿色科技, 3: 36-38.

陈皓锐, 伍靖伟, 黄介生, 等. 2013. 石津灌区冬小麦水分生产率的尺度效应. 水科学进展, 24(1): 49-55.

段爱旺. 2005. 水分利用效率的内涵及使用中需要注意的问题. 灌溉排水学报, 24(1): 8-11.

段佩利. 2016. 基于GIS和水足迹理论的吉林省粮食生产用水效率研究. 东北师范大学博士学位论文.

胡广录, 赵文智. 2009. 绿洲灌区小麦水分生产率在不同尺度上的变化. 农业工程学报, 25(2): 24-30.

黄晶, 王学春, 陈阜. 2016. 水足迹研究进展及其对农业水资源利用的启示. 水资源保护, 32(1): 135-141.

纪尚安, 周升起. 2008. 虚拟水和虚拟水贸易研究综述.科技信息(学术研究), 12: 65-66.

马晶, 彭建. 2013. 水足迹研究进展. 生态学报, 33(18): 5458-5466.

马静, 汪党献, Hoekstra A Y. 2004. 虚拟水贸易与跨流域调水. 中国水利, 13: 37-39.

沈小谊, 黄永茂, 沈逸轩. 2003. 灌区水资源利用系数研究. 中国农村水利水电, 1: 21-24.

汪富贵. 2001. 大型灌区灌溉水利用系数的分析方法.节水灌溉, 6: 28-31.

王红瑞, 韩兆兴, 韩鲁杰, 等. 2008. 虚拟水理论与方法的研究进展. 中国水利水电科学研究院学报, 6(1): 66-73.

吴普特, 高学睿, 赵西宁, 等. 2016. 实体水-虚拟水"二维三元"耦合流动理论基本框架. 农业工程学报, 32(12): 1-10.

吴普特, 赵西宁, 操信春, 等. 2010. 中国"农业北水南调虚拟工程"现状及思考. 农业工程学报, 26(06): 1-6.

吴普特, 王玉宝, 赵西宁. 2012. 2010年中国粮食生产水足迹与虚拟水流动. 北京：中国水利水电出版社.

吴兆丹, 赵敏, Upmanu Lall, 等. 2013. 关于中国水足迹研究综述. 中国人口•资源与环境, 23(11): 73-80.

夏骋翔, 李克娟. 2012. 虚拟水研究综述与展望. 水利经济, 30(02): 11-16, 73.

徐中民, 宋晓谕, 程国栋. 2013. 虚拟水战略新论. 冰川冻土, 35(02): 490-495.

杨振亚. 2017. 农业水价定价与生产用水补偿耦合模型研究. 西北农林科技大学硕士学位论文.

张志强, 程国栋. 2004. 虚拟水、虚拟水贸易与水资源安全新战略.科技导报, 22(3): 7-10.

周玲玲, 王琳, 王晋. 2013. 水足迹理论研究综述. 水资源与水工程学报, 24(05): 106-111.

诸大建, 田园宏. 2012. 虚拟水与水足迹对比研究.同济大学学报(社会科学版), 23(04): 43-49.

邹君, 杨玉蓉, 毛德华, 等. 2010.中国虚拟水战略区划研究. 地理研究, 29(02): 253-262.

Allan J A. 1993. Fortunately there are substitutes for water otherwise our hydro-political futures would be impossible. Conference on Priorities for Water Resources Allocation & Management: Natural Resources & Engineering Advisers Conference.

Allan J A. 1997. Virtual water: a long term solution for water short Middle Eastern economics. British Association Festival of Science, University of Leeds.

Haddadin M J. 2003. Exogenous water: A conduit to globalization of water resources. *In*: Hoekstra A Y. Virtual Water Trade: Proceedings of the International Expert Meeting on Virtual Water Trade, Value of Water Research Report Series No. 12. Delft, the Netherlands: UNESCO-IHE: 159-169.

Hoekstra A Y. 2003. Virtual Water Trade: Proceedings of the International Expert Meeting on Virtual Water Trade, Value of Water Research Report Series No.12. Delft, The Netherlands: UNESCO-IHE.

Hoekstra A Y. 2013. The Water Footprint of Modern Consumer Society. The Netherlands: Routledge.

Hoekstra A Y. 2014. 现代消费社会水足迹. 吴普特, 等译. 北京: 科学出版社.

Hoekstra A Y, Chapagain A K, Aldaya M M, et al. 2011. The Water Footprint Assessment Manual: Setting the Global Standard. London and Washington: Earthscan.

McCalla A. 1997. The Water, Food and Trade Nexus. In Mediterranean Development Forum. Morocco Marrakesh: The World Bank.

第 2 章　农业水足迹与农业用水效率

本章主要论述水足迹用于农业用水效率评价的科学性、可行性，以及如何解决传统农业用水效率评价指标体系的不足与缺陷。在介绍农业水足迹相关概念科学内涵与构成要素的基础上，分别对旱作农业与灌溉农业用水效率评价指标进行了系统讨论，分析了传统农业用水效率评价指标体系的多元化与局限性问题，指出采用作物生产水足迹作为农业用水效率评价指标可有效解决传统农业用水效率评价指标体系的不足，从而实现旱作农业与灌溉农业用水效率评价四大指标的有机统一。

2.1　农业水足迹基本概念

在农产品生产和消费领域，农业水足迹（agricultural water footprint）可定义为任何已知人口（如国家、地区或者个人）在一定时期内（一般是 1 年）因生产或消费初级农产品所消耗和稀释农业生产过程中的污染物，使其达到环境标准所需的水资源量（Hoekstra et al.，2011；操信春等，2018）。与水足迹一样，农业水足迹也由蓝水足迹、绿水足迹和灰水足迹组成。蓝水足迹、绿水足迹分别为作物生育期内蓝水和绿水资源的消耗量。蓝水资源（blue water resource）是某一地区内一定时期可供人类经济社会发展和生态环境利用的地表水和地下水，即常规水资源；而绿水资源（green water resource）为某一地区内一定时期由降水进入土壤水并能以蒸发蒸腾的形式为植被所利用的水量。灰水足迹为稀释农业生产过程中所释放的污染物，如化肥、农药流失，使排放物达到环境标准所需的水资源量。蓝、绿水资源和农业蓝、绿水足迹与区域农业生产用水效率关系密切。农业水足迹可以从农产品的生产和消费两个视角来评估，且二者均以区域农作物生产水足迹或粮食生产水足迹的核算为基本前提。作物生产水足迹（water footprint of crop product）为生产某种作物产品所消耗的水资源量。特定区域所有农作物水足迹总量之和为区域农业生产水足迹。区域农业消费水足迹不仅来自本区域内部对本地生产农产品的消费部分，也包含通过贸易的形式进入该区域而用于其人口消费的部分，即可分为区域内部农业水足迹和区域外部农业水足迹。前者为某一地区内一定时期消费的农产品中使用的当地水资源量；后者则可以被定义为某一地区内一定时期消费的农产品中使用通过虚拟水贸易由其他地区输入的水资源量。虚拟水流动（virtual water flow）是指因产品调运所引起的“内嵌”于产品中以虚拟水形式存在的水资源在不同区域间的转移和流动（Allan，1997）。虚拟水（virtual water）为凝结在农产品中的水资源量。

粮食为最基本的农产品。粮食作物播种面积大、水资源（特别是蓝水）消耗多，因此粮食生产水足迹评估在农业水足迹与区域虚拟水流动研究中显得尤为重要。《中国粮食生产水足迹与区域虚拟水流动报告》（吴普特等，2012）系列报告中明确了粮食生产水足迹及内涵。粮食水足迹（grain water footprint）被定义为某一地区内一定时期（一般是 1 年）因生产粮食产品所消耗的水资源（包括蓝水和绿水）量，单位为 m^3。粮食生产水足迹（water footprint of grain product）为生产单位产量粮食所消耗的水资源量，单位为 m^3/kg 或 m^3/t。粮食水足迹和粮食生产水足迹一般也可以分为蓝水足迹和绿水足迹。粮食生产蓝水足迹（blue water footprint of grain product）是生产单位经济产量粮食所消耗的蓝水资源量；粮食生产绿水足迹（green water footprint of grain product）为生产单位经济产量粮食所消耗的绿水资源量。从消费角度出发，粮食消费水足迹（water footprint of grain consumption）是某一地区内一定时期（一般是 1 年）因消费粮食产品所消耗的水资源（包括蓝水和绿水）量，单位为 m^3。

2.2　农业用水过程与水足迹构成要素解析

农业用水过程具体体现在农业生产和作物生长发育相关的水分运移过程中，其中的大部分与作物水足迹及其构成要素的形成关系密切。根据水资源来源划分，农业用水过程包括降水和灌溉水的利用过程，分别与绿水足迹和蓝水足迹的形成相对应。当考虑将肥料淋失作为核算对象时，灰水足迹的形成不仅同时与降水、灌溉水在农业生产系统的运移有关，更取决于作物对化肥的利用程度和化肥的运移规律。农业用水过程与水足迹构成要素解析示意图如图 2-1 所示。

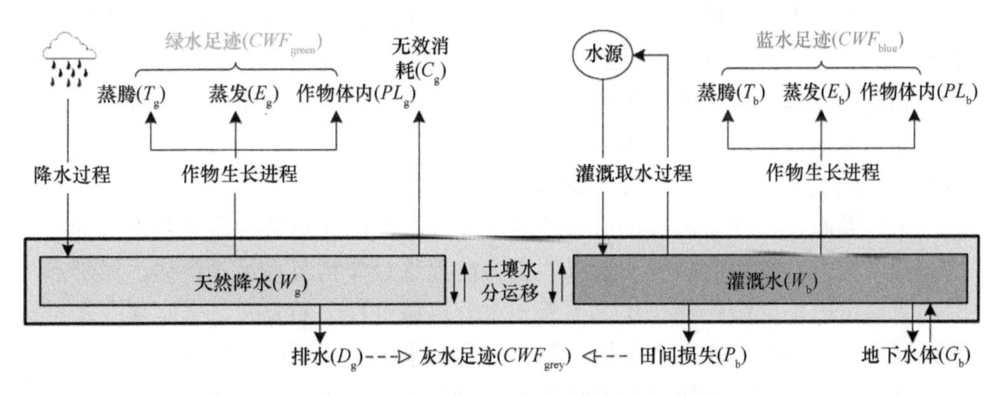

图 2-1　农业用水及水足迹形成过程示意图

农作物水足迹（crop water footprint，*CWF*）用以衡量作物生长所需要占用的广义水资源量，按照占用途径包括田间作物蒸发蒸腾形式消耗的水量和因稀释所排放污染物以达到环境可容纳的浓度所需要的水量，具体可分为蓝水足迹、绿水足迹和灰水足迹，即

$$CWF=CWF_{blue}+CWF_{green}+CWF_{grey} \tag{2-1}$$

式中，CWF_{blue}为作物蓝水足迹，m^3；CWF_{green}为作物绿水足迹，m^3；CWF_{grey}为作物灰水足迹，m^3。蓝水足迹（CWF_{blue}）和绿水足迹（CWF_{green}）的形成如图 2-1 所示，灰水足迹的计算方法参见第 4 章。

下面以水稻田为例，概述水稻生产水足迹量化基本思路。水足迹构成要素解析以灌溉、排水时间和作物生育期起点、终点视为时间节点，实测不同阶段蓝水与绿水资源的形成、流入量、不同形式的流出量及田间和土壤储存量等参数。土壤初始有效水含量划归为绿水，则田间蓝、绿水的水量平衡方程分别为

$$W_b=T_b+E_b+PL_b+P_b+G_b+\Delta S_b \tag{2-2}$$

$$W_g=T_g+E_g+PL_g+C_g+D_g+\Delta S_g \tag{2-3}$$

式中，ΔS_b与ΔS_g分别为土壤中有效蓝、绿水的变化量，mm 或 m^3，其余各参数含义均展现于图 2-1。其中，稻田棵间蒸发强度利用自制微型蒸发器测量，作物蒸腾与作物体内含水量进行合计；G_b的符号在地下水补给农田时为负，反之为正。当所观察时段内田间只存在一种类型水资源时，可根据实测或模拟数据直接列出其水量平衡方程。当田间同时存在蓝水（灌溉水）和绿水（降水）时，则需对二者的消耗和水足迹进行分割。时序分层法对二者进行划分具体做法是：当田间无水层时，将土壤水消耗的总量转化为水层深，作物蓝、绿水消耗量按灌溉水和有效降水进入土壤的先后顺序进行计算，最后土壤水储存量为后进入土壤的水分与前一时段进入土壤的水分剩余部分之和，而垂直损失量为先进入土壤的水资源与后进入土壤的水资源损失部分之和；当田间有水层时，在确定前时段末田间及土壤水资源来源的前提下，假设蓝、绿水在田间水层内混合均匀，则将作物耗水和土壤储水、排水、损失等均按照田间灌溉水和降水进入量的比例进行分摊。在对蓝、绿水利用过程进行量化的基础上，综合式（2-2）与式（2-3）在不同时间段的表现得到全生育期内农田蓝、绿水资源利用过程。

田间灌溉、排水与污染物流失的情况复杂，精确计算某种污染物形成的灰水足迹难度较大，故当前研究一般以假设为前提进行作物灰水足迹评估。对于点尺度，应该考虑不同污染物在作物生长和水分运移过程中的表现，来实现灰水足迹的核算。以稻田的作物灰水足迹计算方法为例来说明：稻田面源污染的污染源主要为氮与磷，它们对水环境的影响机理（淋失率，在排水中的浓度及环境标准等参数）不同，故应将二者同时考虑在灰水足迹的计算当中；同时，氮、磷均是以

溶解物的形式排出而对环境造成影响的，因此排水是否属于灰水足迹的一部分值得推敲。本研究将遵循最大影响原则（以可能造成的最大影响为计算结果，即最大限度揭示农业生产对水环境的影响）进行灰水足迹的试算。例如，可采取以下方法计算：计算氮、磷、排水+氮及排水+磷为污染源的 4 种情况下的灰水足迹，取 4 种情况计算结果的最大值。

与粮食生产水足迹类似，某种特定作物（蓝、绿、灰）水足迹与产量的比值为作物生产（蓝、绿、灰）水足迹，可用来反映生产单位产量所需要占用的水资源量及其构成。

此外，作物消费（蓝、绿、灰）水足迹的形成由作物生产水足迹、农产品贸易量及消费量决定，具体见区域虚拟水流动章节。

2.3　区域农业用水效率评价指标

2.3.1　农业用水量与有效利用率

与农业用水过程一样，农业用水量也可以从不同视角来衡量和计算。由于稀缺性和测算手段成熟，灌溉用水量是农业用水量最常见的核算对象。降水极端稀少和无降水利用设施农业中，农业用水量为灌溉用水量；雨养农田的农业用水量为降水的有效利用量；一般情况下，农业生产者实际的用水量既包含灌溉用水量也包括农田降水资源的消耗量。进入农业生产系统的水资源一般难以完全被作物以蒸发蒸腾的形式消耗掉，部分以渗漏、无效蒸发等形式离开农田。因此可以利用水资源有效利用率来衡量进入田间水资源的有效利用程度，并揭示农业输配水工程质量、运营情况和管理水平。灌溉水有效利用率即灌溉效率，一般用灌溉水利用系数来衡量。灌溉水利用系数一般定义为作物实际以蒸发蒸腾形式消耗的净灌溉水量占水源渠首处所引的灌溉取水量的比例。面向不同的尺度和观测对象，灌溉水利用系数也可以用不同的计算方法和指标来描述，如渠系水利用系数、田间水利用系数、经典灌溉效率、新经典灌溉效率、有效消耗比等（雷波等，2009）。由于机会成本较低，水资源有效利用率的评估对降水的研究较少。实际上几乎所有农田均存在降水资源利用和降水利用率的问题。降水利用率可定义为作物实际以蒸发蒸腾形式消耗的降水资源量占进入田间的降水总量的比例。降水利用率与降水量、降水时间分布、地形、土壤类型、作物种类等因素相关。将灌溉水和降水统一考虑为进入田间的广义水资源，同样可以定义揭示区域农业广义水资源利用有效程度的指标，操信春等（2017）将其称为广义水系数（E_g）。虽然有效利用率是农业用水效率评价的重要方面，但是要全面评价区域农业用水的利用效率还应结合水分生产率指标。

2.3.2 水分生产率

水分生产率（water productivity，*WP*）为用于表示单位水资源投入下的农业产出效率中最为常用的指标。衡量农业水分生产率指标众多，不同研究角度及目的下建立的指标均有一定的科学含义及指导意义，因此不同研究体系中还没有形成统一的评价标准。对于不同的研究方法、对象和尺度，对所投入水资源的计算方法存在差异；对产出的考虑往往也有所不同，通常包括经济产量、生物量、能量等（操信春，2015）。所以水分生产率指标在不同的领域和研究中有着广泛的应用。

粮食水分生产率可以定义为单位水资源量所能生产的农作物的经济产量。基于不同空间尺度或研究需要，水分生产率指标计算方法存在差异，但均可表现为以下基本形式（Cao et al.，2015）：

$$WP=\frac{Y}{W} \tag{2-4}$$

式中，*WP* 为水分生产率，kg/m^3；*Y* 为平均单位耕地面积作物产量，kg/hm^2；*W* 为水资源投入量，m^3/hm^2。

对于水分投入项的选择，可以用不同粮食水分生产率指标来衡量水资源利用效率，如可以考虑蒸散量、灌溉用水量、区域毛入流量等作为水分投入项（操信春等，2014）。当前关于农作物水分生产率的研究主要为典型区域（或灌区）不同尺度或不同类型指标的比较和大尺度上（全球或国家）某单一指标的评估。

由于雨养农田只消耗绿水资源，因而只有一个水分投入项和一个水分生产率指标，即降水资源利用效率，也称为雨养农田的作物水分利用效率（water use efficiency，*WUE*），不存在不同指标的关系问题。但是，针对灌溉农田的不同水分生产率指标与水足迹进行计算和时空差异、统计相关关系及物理关系进行分析有重要意义。考虑到灌溉水在灌区粮食生产和用水过程中的重要性，分别从灌溉水、广义水资源利用角度衡量水足迹与传统水分生产率指标的关系。

将不同尺度灌溉水作为水分投入项可得到不同灌溉水分生产率（irrigation water productivity，*IWP*）指标。灌溉水分生产率衡量了一定灌溉水投入的作物产出效率，是评价农业灌溉用水管理水平和节水发展成效的一个重要参数。计算、对比灌溉水分生产率的时空分异特征，是评价节水灌溉发展成效的重要基础。对于不同尺度，选择不同的灌水量，可定义不同的灌溉水分生产率衡量指标。灌溉过程通常分为 3 个阶段：渠系输配水、田间灌水、作物利用。进入渠道的水量为毛灌溉用水量，进入土壤计划湿润层能够被作物吸收利用的为净灌溉用水量。通常情况下，依据灌水量采用毛灌溉用水量还是净灌溉用水量，灌溉水分生产率又分别定义为毛灌溉水分生产率（IWP_g）和净灌溉水分生产率（IWP_n）。在此基础上还可以定义渠系灌溉水生产率（IWP_c），即利用渠系输送进入田间的那部分水量作为灌溉用水量。三个灌溉水分生产率指标的计算方法为

$$IWP_g = \frac{Y}{I_g} = \frac{Y}{CWF_{blue}} \tag{2-5}$$

$$IWP_c = \frac{Y}{I_c} = \frac{Y}{\eta_1 \times I_g} \tag{2-6}$$

$$IWP_n = \frac{Y}{I_n} = \frac{Y}{\eta_1 \times \eta_2 \times I_g} \tag{2-7}$$

式中，I_c为渠系进入田间的灌溉水用量，m^3；I_n为田间作物消耗的净灌溉用水量，m^3；I_g 为毛灌溉用水量，m^3；η_1、η_2 分别为渠系水利用系数和田间水利用系数，两者之积为灌溉水利用系数 η，无量纲。可见，毛灌溉水分生产率（IWP_g）为作物生产蓝水足迹的倒数，为衡量区域总体蓝水资源的利用效率指标。毛灌溉水分生产率（IWP_g）能反映灌区灌溉工程的保障程度、田间灌水有效性及农作物管理三者的综合水平，IWP_c反映的是田间灌水技术、管理水平及作物生产能力，净灌溉水分生产率（IWP_n）更侧重反映作物尺度的产品产出与灌溉水量消耗的效率。IWP_g、IWP_c及 IWP_n 均能在一定程度上反映区域农业生产中灌溉水资源的粮食产出效率。对灌溉工程而言，通过改善灌溉设施提高灌溉效率和减小毛灌溉用水量（I_g）很重要，同时，农民需要支付灌溉水的费用，因此提高灌溉水分生产率也是他们的意愿。

同时考虑蓝、绿水资源的粮食水分生产率分析更为复杂。一般研究中分别采用毛入流量（降水量+毛灌溉用水量）、毛灌溉用水量、田间蒸散量（有效降水量+灌溉水利用系数×毛灌溉用水量）及广义水资源利用量（有效降水量+毛灌溉用水量）作为水分生产率计算式（2-4）中的水分投入项，定义毛入流量水分生产率（gross inflow water productivity，WP_g）、蒸散量水分生产率（evapotranspiration water productivity，WP_{ET}）和广义水资源利用水分生产率（generalized water productivity，WP_u）。三个指标可分别按式（2-8）~式（2-10）进行计算：

$$WP_g = \frac{Y}{10P + I_g} \tag{2-8}$$

$$WP_{ET} = \frac{Y}{10P_e + I_n} \tag{2-9}$$

$$WP_u = \frac{Y}{10P_e + I_g} \tag{2-10}$$

式中，P、P_e分别为作物生育期的降水量和有效降水量，mm。

区域总入流量为一定时间内该区所能提供于农业生产的最大水资源量，因此

WP_g可以反映区域气候特征及水资源状况；WP_u为粮食生产（蓝、绿）水足迹（WFP）的倒数，对于区域水资源管理部门而言，所能投入的水量为作物生长过程中用于农业生产的广义水资源量。提高 WP_u（$1/WFP$）减少粮食生产水足迹应作为水资源管理部门的一个主要目标。田间蒸散，也称为作物田间耗水量，通常以作物需水量计，是一个重要的水文学参数，而 WP_{ET} 是备受水文学家和农业科学研究人员关注的重要指标，提高 WP_{ET} 是田间尺度高效利用水资源的直接手段。

2.4 基于作物生产水足迹的农业生产用水效率评价

旱作农业的作物水分供应全部依靠降水，降水利用率和作物降水利用效率（降水水分生产率）是评价旱作农业用水效率的指标；而对于灌溉农业而言，灌溉效率和灌溉水分生产率是评价灌溉农业用水效率的指标（崔远来和熊佳，2009）。作物生产水足迹指标的提出为旱作农业与灌溉农业用水效率评价提供了一个统一的评价指标。

对于雨养农业而言，其主要的用水评价指标如下所述。

降水利用率，即反映降水转化为可被作物所利用的土壤水的比例，计算公式为

$$\lambda = \frac{P_e}{P} \tag{2-11}$$

式中，λ 为降水利用率，无量纲；P_e为有效降水量，mm；P 为降水量，mm。

作物降水利用效率（降水水分生产率）反映单位降水消耗量所能够生产的作物经济产量，其计算公式为

$$WUE_p = PWP = \frac{Y}{10P_e} \tag{2-12}$$

式中，WUE_p为作物降水利用效率，也就是降水水分生产率 PWP，kg/m^3；Y 为作物单位面积产量，kg/hm^2；10 为单位换算系数，将水深（mm）换算为 m^3/hm^2。

对于灌溉农业而言，其主要的农业用水评价指标包括灌溉效率和灌溉水分生产率，其中灌溉效率常用灌溉水利用系数来表示。灌溉水利用系数，是指作物实际以蒸发蒸腾形式消耗的净灌溉水量占水源渠首处所引的灌溉取水量的比例，它反映了灌溉系统技术、管理和工程运行水平，其计算公式为

$$\eta = \frac{I_n}{I_g} \tag{2-13}$$

式中，η 为灌溉水利用系数，无量纲；I_n 为净灌溉水量，m^3；I_g 为从水源处引用的毛灌溉水量，m^3。灌溉水分生产率的计算方法如式（2-5）~式（2-7）。

通常情况下，一个区域既包含灌溉农田又包含旱作（雨养）农田。其水分来源为包含蓝水（灌溉水）和绿水（降水）资源的广义水资源。区域广义水资源利

用效率可以利用（广义水资源）水分生产率和农业广义水资源利用系数（广义水系数）来表示（Cao et al.，2015；操信春等，2017）。

农业广义水资源利用系数（generalized water efficiency，E_g）可定义为区域农田消耗性用水量（consumptive water use）占进入农业生产系统的广义水资源总量的比例（Cao et al.，2018）。

$$E_{\mathrm{g}} = \frac{ET_{\mathrm{a}}}{I_{\mathrm{g}} + P} \tag{2-14}$$

式中，ET_a 为农田实际蒸发蒸腾量，mm。以降水和灌溉水（广义水资源）为水分投入项的水分生产率的核算方法见式（2-8）~式（2-10）。

不同计算方法的作物生产水足迹可表示为

$$CWF = \begin{cases} CWF_{\text{rain-fed}} = \dfrac{10 \times \lambda \times P}{Y} \\ CWF_{\mathrm{f}} = \dfrac{ET_c}{Y} = \dfrac{10 \times \lambda \times P + \eta \times I_{\mathrm{g}}}{Y} \\ CWF_{\mathrm{r}} = \dfrac{10 \times ET_{\mathrm{c}} + I_{\mathrm{c}}}{Y} = \dfrac{10 \times \lambda \times P + I_{\mathrm{n}} + I_{\mathrm{c}}}{Y} \\ CWF_{\mathrm{u}} = \dfrac{10 \times \lambda \times P + I_{\mathrm{g}}}{Y} \end{cases} \tag{2-15}$$

式中，$CWF_{\text{rain-fed}}$ 为雨养农业作物生产水足迹，m^3/kg；CWF_f 为田间尺度作物生产水足迹，m^3/kg；CWF_r 为基于区域耗水量的作物生产水足迹，m^3/kg；CWF_u 为基于用水量的作物生产水足迹，m^3/kg。I_c 为灌溉水的消耗性损失量，即蒸发和渗漏后流出研究区的部分。

由此可见，作物生产水足迹有效地统一了旱作、灌溉农业及不同尺度的水分利用效率的评价（作物水分利用效率与作物生产水足迹在数量上呈倒数关系）。因此，针对不同尺度和农业种植模式，选择恰当的水足迹量化方法即可反映特定农业生产类型和尺度的水分利用效率。

2.5　粮食水分生产率和水足迹之间的关系

2.5.1　粮食生产蓝水足迹与灌溉水分生产率的关系

不同灌溉水分生产率评价指标的内涵、影响因素及其对资源利用关注的角度不一，数据获取和计算难度也有差异。在分析区域间水分生产率差异程度或一个区域的水分生产率在全国所处的位置时，往往由于计算参数获取难度大，很难甚至不可能在大尺度上全面地计算出所有指标值，因此选择代表性的指标来表征农业用水效率可为获取主要信息并减少工作量提供便利。此外，如果在计算粮食水分生产率指标的参数获取上有重大困难因而无法直接进行计算，而粮食水分生产率指标间又存在某种统计学关系，这样就可以通过先计算常规的、计算参数容易获取的水分生产率指标（或其他指标，如农业生产水足迹），再通过计算出的指标值和待求值之间已有的统计学关系进行求解，这样也可得到不同水分生产率指标的估计值。为了分析 3 个粮食灌溉水分生产率指标之间的统计关系，以中国 31 个省级行政区为样本点，分别对 3 个代表年份的数据两两之间进行线性相关性分析，各拟合结果列于图 2-2（各分图中 n=31，p=0.05）。为定量研究各指标在不同时期的统计学关系，并分析其随时间变化的变化态势，在表 2-1 中列出了对应于图 2-2 中各分图两两指标间的统计关系式。

图 2-2 表明，各个年份 IWP_g、IWP_c 和 IWP_n 两两之间均呈现较好的线性相关关系，决定系数均达到 0.90 以上，且均通过了 p=0.05 时的显著性检验，说明按照不同的灌溉水分生产率指标来评价各省级行政区灌溉水利用水平，其结果在全国所处的相对位置大致相同。因此，灌溉农田粮食生产蓝水足迹（$BWFP_I$）可以较好地用来比较灌溉用水-粮食产出关系的区域间差异性，即粮食生产蓝水足迹（$BWFP_I$）大的地区其灌溉水分生产率一般较小，且不同灌溉水分生产率指标在全国的位次基本一致。IWP_c 和 IWP_n 的相关性更好，3 个代表年的 R^2 都超过 0.96，

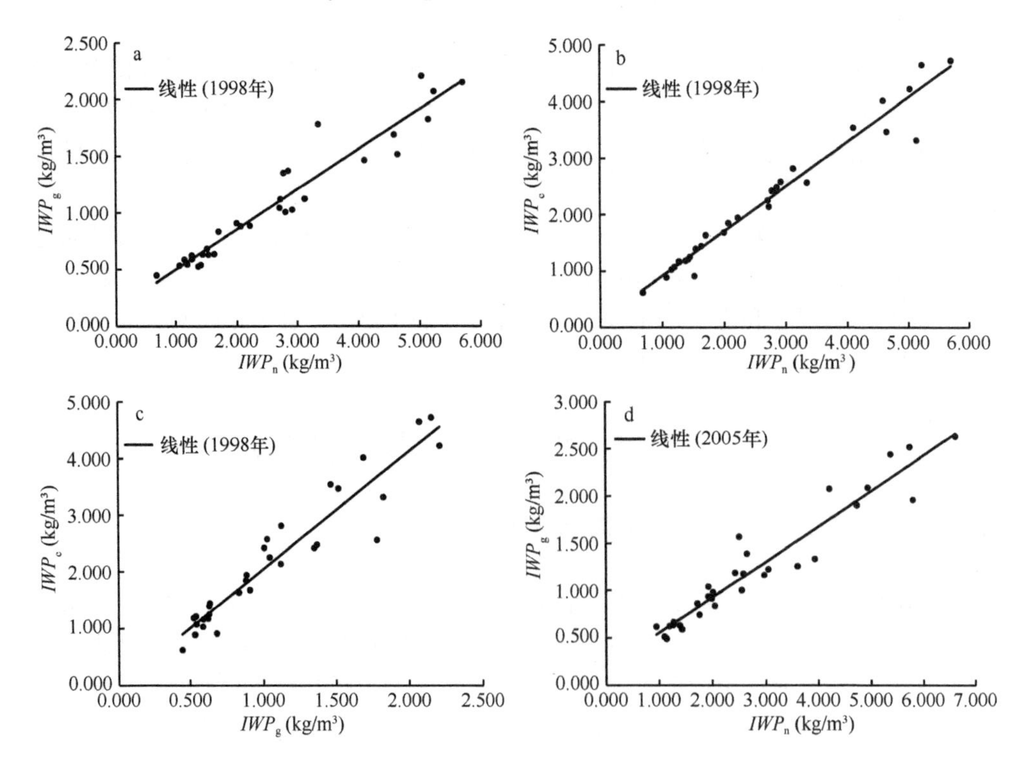

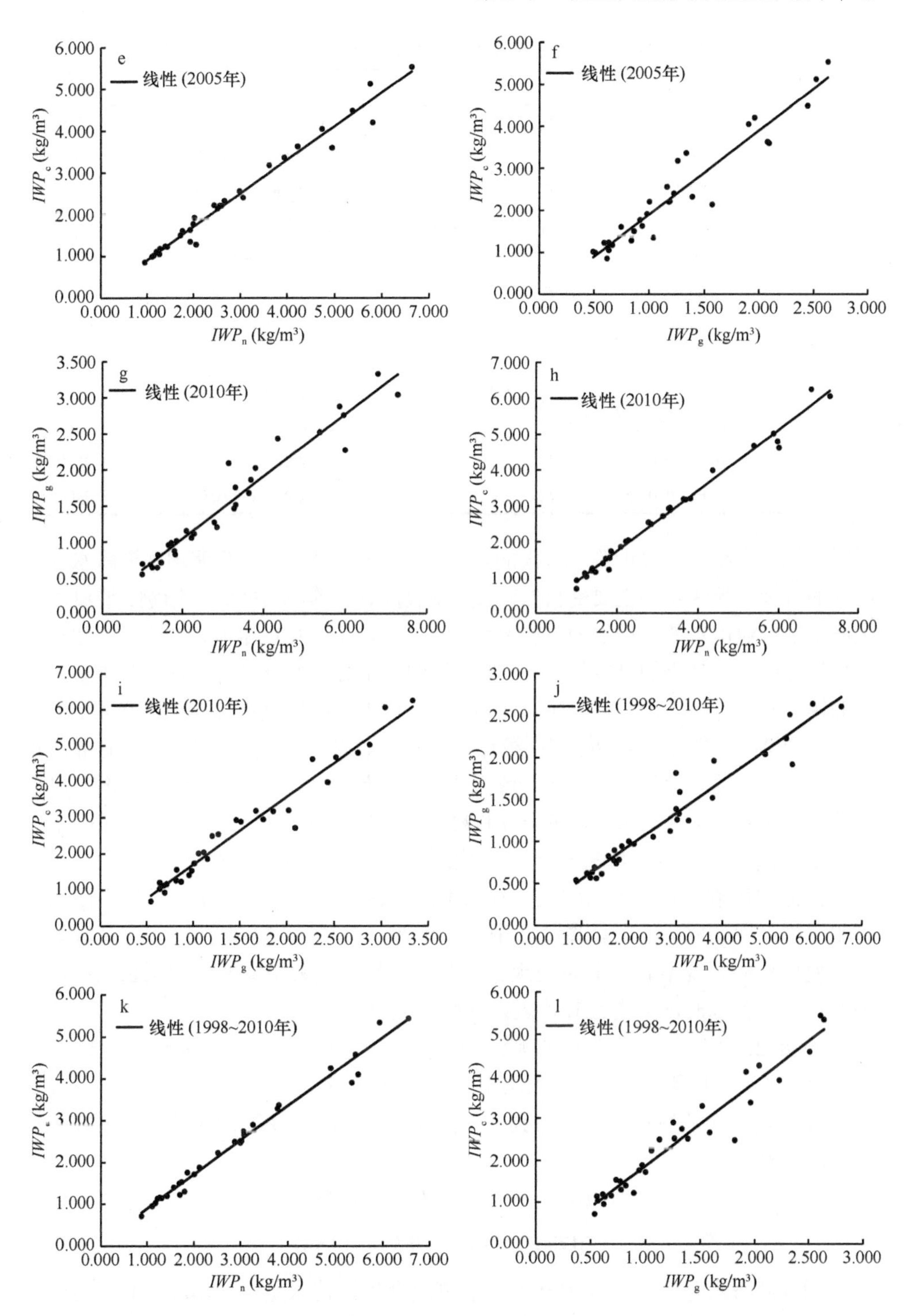

图 2-2　不同时期灌溉水分生产率指标之间的相关关系

表 2-1 不同时期灌溉水分生产率指标间的统计关系式及相关系数

序号	年份/时段	x	y	关系式	R^2
a	1998	IWP_n	IWP_g	y=0.3544x+0.1425	0.9279
b	1998	IWP_n	IWP_c	y=0.7889x+0.1282	0.9625
c	1998	IWP_g	IWP_c	y=2.0809x–0.0352	0.9062
d	2005	IWP_n	IWP_g	y=0.3745x+0.1771	0.9212
e	2005	IWP_n	IWP_c	y=0.8022x+0.1050	0.9758
f	2005	IWP_g	IWP_c	y=1.9985x–0.0987	0.9220
g	2010	IWP_n	IWP_g	y=0.4308x+0.1806	0.9438
h	2010	IWP_n	IWP_c	y=0.8461x+0.0446	0.9875
i	2010	IWP_g	IWP_c	y=1.8799x–0.1838	0.9587
j	1998~2010	IWP_n	IWP_g	y=0.3916x+0.1587	0.9385
k	1998~2010	IWP_n	IWP_c	y=0.8164x+0.0860	0.9810
l	1998~2010	IWP_g	IWP_c	y=1.9769x–0.1080	0.9400

同时，拟合直线均较接近第一象限的角平分线（1∶1 线性），说明田间灌溉水分生产率的省级行政区差异主要受自然条件、粮食品种及作物耗水特性影响。灌溉水分生产率是农业用水效率评价的重要参数之一，但由于数据的限制，当前系统地对该参数进行计算和分析的难度较大；同时，当灌溉水分生产率联合其他参数进行区域农业用水效率综合评价时，选择合理的、具有代表性的灌溉水分生产率指标至关重要。由图 2-2 可知，3 个指标在省级行政区间的地位基本一致，说明在进行灌溉水分生产率参数的空间相对地位比较或需要选取并计算灌溉水分生产率指标时，可根据研究的实际情况和数据获取的方便程度，选择容易获取的指标进行计算和分析。

虽然特定区域不同灌溉水分生产率指标在空间的相对位置一致性较强，但是不同指标的数值差异较大。因此，建立不同指标间的统计学关系，是用于估算粮食水分生产率的路径之一。图 2-2 中 3 个灌溉水分生产率在两两之间存在较好的线性变化趋势。观察表 2-1 可发现，两两指标间线性关系式的一次项系数和常数项在不同年份（时段）均比较接近，在较小范围内变化。

1998~2010 年各关系式一次项系数和常数项均在 1998 年、2005 年及 2010 年 3 个年份之间，且各年份的值均比较接近，对各年份均有比较好的代表性。所以，基于 3 个代表年的数据，可以得到 IWP_g-IWP_c 和 IWP_g-IWP_n 的统计学关系式分别为（IWP>0）

$$IWP_g = 0.5058 \times IWP_c + 0.0546 \tag{2-16}$$

$$IWP_g = 0.3916 \times IWP_n + 0.1587 \tag{2-17}$$

因毛灌溉水分生产率（IWP_g）与灌溉粮食生产蓝水足迹（$BWFP_I$）互为倒数关系，所以以上统计关系式又可以表达为以下粮食生产水足迹指标与水分生产率指标之间的关系（$BWFP_I>0$）：

$$IWP_c=\frac{1.9769}{BWFP_I}-0.1080 \tag{2-18}$$

$$IWP_c=\frac{2.5536}{BWFP_I}-0.4030 \tag{2-19}$$

2.5.2　作物生产水足迹与传统用水效率评价指标的对比分析

如前所述，各水分生产率指标均能从一定角度评价粮食生产用水的效率，不同指标的科学内涵、数值表现及其计算过程、计算所需参数获取的路径有所差别，如 WP_{ET} 通常可以通过作物模型等方法估算，而 WP_g、WP_u 等往往需要通过田间、小尺度区域的试验或者实际观测资料才能获取。灌溉水分生产率一样，在分析水分生产率区域间差异程度或一个区域的水分生产率在全国所处的位置时，往往由于计算参数获取难度大，很难甚至不可能在大尺度上全面地计算出所有相关指标值，这也是当前研究多集中于田间作物水分利用效率（*WUE*）的原因。粮食生产水足迹与水分生产率指标的关系密切，大多水分生产率指标的水分投入项为水足迹的一部分，且 WP_u 与灌溉粮食生产水足迹（WFP_I）互为倒数。

以省级行政区为样本点，分别对不同年份（时段）灌溉粮食生产水足迹（以 WFP_I 记）和各水分生产率指标（WP_g、WP_{ET}）之间的关系进行线性相关性分析。同时，因毛灌溉水分生产率（IWP_g）在灌溉水分生产率指标中比较具有代表性，可作为分析粮食生产水足迹和灌溉水分生产率的衔接，也拟合出 WFP_I 与 IWP_g(同样以 WP_I 记）的相关关系。各相关结果均列于图 2-3 中（各分图中 n=31，p=0.05）。图 2-3 显示，在不同年份（及时段），灌溉粮食生产水足迹（WFP_I）与各个粮食水分生产率指标存在较好的负相关关系，说明一个区域的粮食生产水足迹越大，其各个水分生产率指标相对越小。WFP_I 与 WP_g、WP_{ET} 可能均存在较好的负相关关系，且为线性关系。为了定量分析它们之间的相关关系，对各年份（及时段）WFP_I 与 WP_g、WP_{ET} 之间进行线性拟合，得到各拟合关系式及相关系数。WFP_I 与 WP_I 的倒数（灌溉农田粮食生产蓝水足迹 $BWFP_I$）的时空分布格局将在第 3 章进行阐述。在此，为进一步分析两者的统计学关系，也给出了 WFP_I 与 WP_I 之间的线性拟合关系式及相关系数。以上拟合结果均列于表 2-2（n=31，p=0.05）。结合图 2-3 和表 2-2 可以看出，各个年份及 1998~2010 年时段内，WFP_I 与 WP_g、WP_{ET} 及 WP_I 之间均呈现较好的线性相关关系，随着 WFP_I 的增大其他指标均减小，相关系数均达到 0.90 以上，且均通过了 p=0.05 时的显著性检验。也就是说，广义水资源水分生产率（WP_u）与其他水分生产率指标呈现显著的正相关关系。说明以不同水分生产率指标来评价各省级行政区的灌溉管理水平，其结果在全国所处的排序位置也大致相同。因此灌溉粮食生产水足迹（WFP_I）可以较好地用来比较水资源利用–粮食产出关系的区域间差异性，即 WFP_I大的地区水分生产率一般较小。如前所述，不同指标在数值表现上所建立的统计学关系，可用于估算粮食水分生产率。

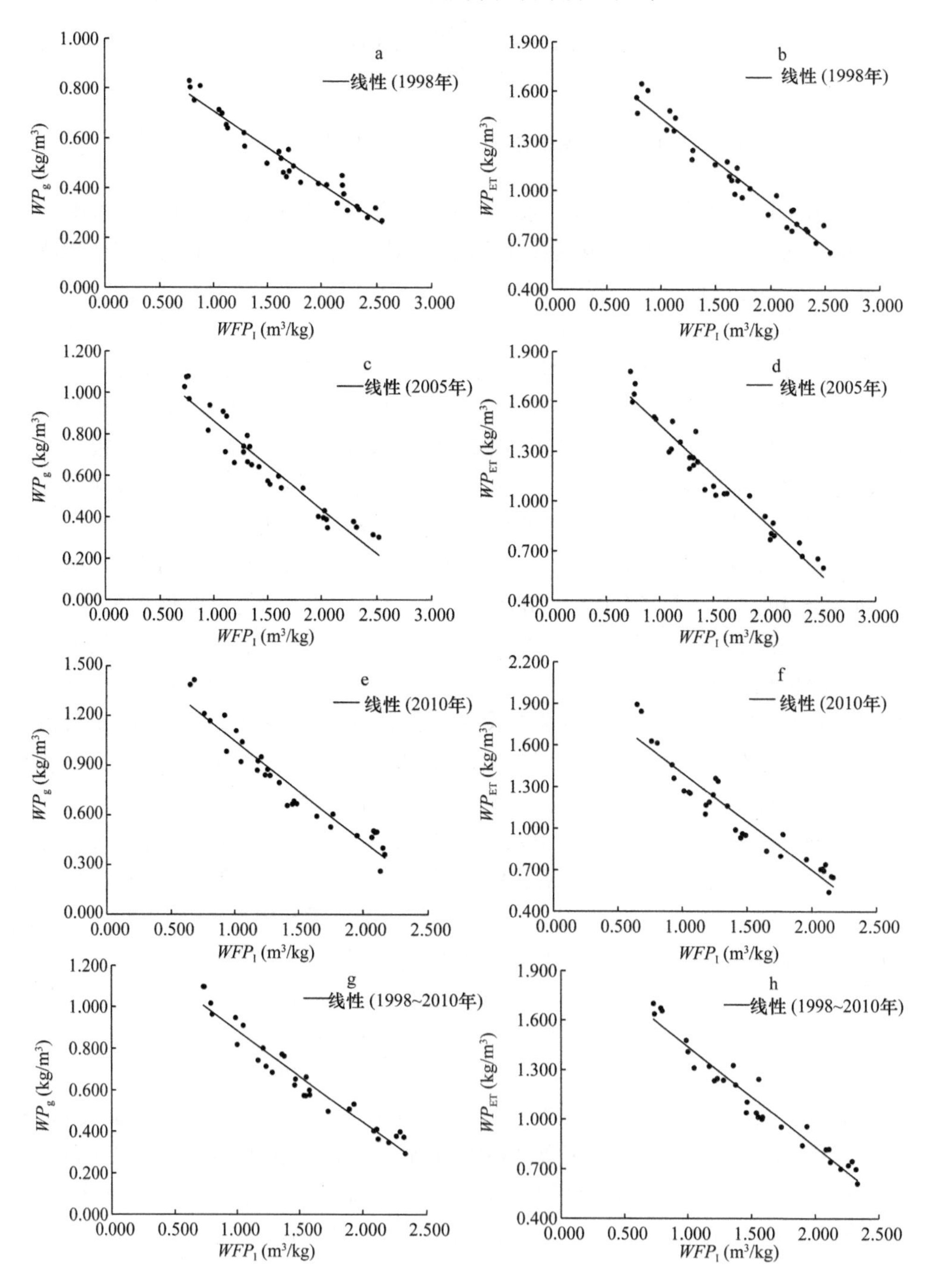

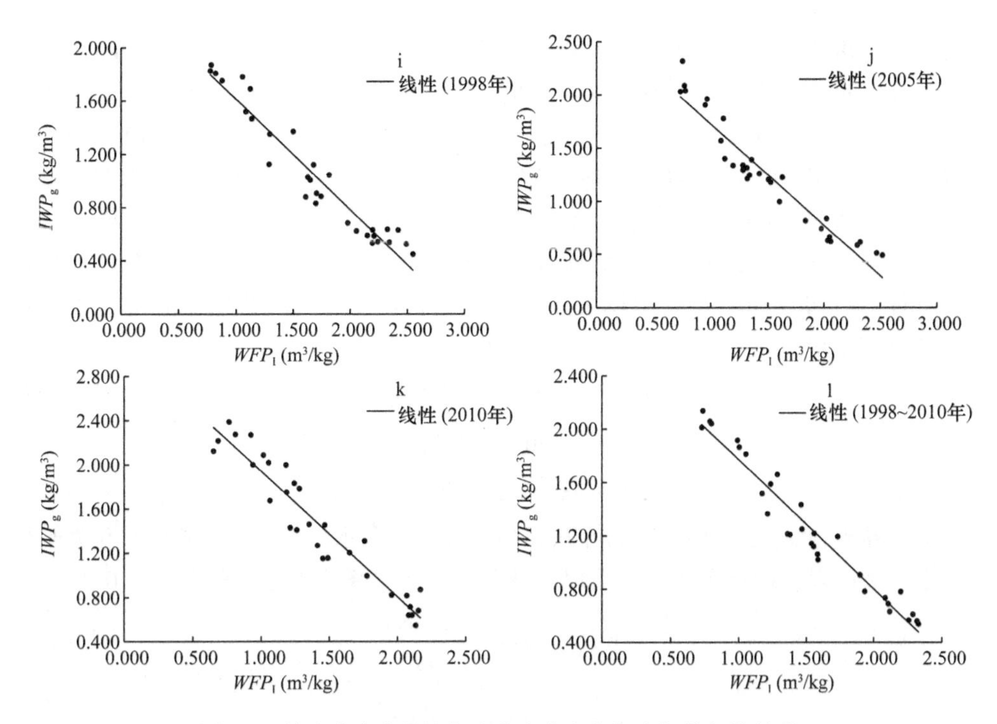

图 2-3　粮食生产水足迹与水分生产率指标之间的相关关系

表 2-2　灌溉粮食生产水足迹与水分生产率指标间的统计关系式及决定系数

序号	年份/时段	x	y	关系式	R^2
a	1998	WFP_I	WP_g	y=–0.2921x+0.9999	0.9419
b	1998	WFP_I	WP_{ET}	y=–0.5186x+1.9575	0.9486
c	2005	WFP_I	WP_g	y=–0.4267x+1.2903	0.9214
d	2005	WFP_I	WP_{ET}	y=–0.6018x+2.0624	0.9457
e	2010	WFP_I	WP_g	y=–0.6054x+1.6543	0.9256
f	2010	WFP_I	WP_{ET}	y=–0.7017x+2.1028	0.9034
g	1998~2010	WFP_I	WP_g	y=–0.4407x+1.3270	0.9437
h	1998~2010	WFP_I	WP_{ET}	y=–0.6056x+2.0460	0.9480
i	1998	WFP_I	WP_I（IWP_g）	y=–0.8288x+2.4391	0.9314
j	2005	WFP_I	WP_I（IWP_g）	y=–0.9490x+2.6703	0.9213
k	2010	WFP_I	WP_I（IWP_g）	y=–1.1343x+3.0761	0.9170
l	1998~2010	WFP_I	WP_I（IWP_g）	y=–0.9705x+2.7408	0.9490

表2-2中指标间拟合关系式的一次项系数和常数项在不同年份虽大小不一致，但存在明显的变化规律。同一类关系式的一次项系数几乎在随时间推进均匀地降

低，且 1998~2010 年的拟合式中各项参数与 2005 年均非常接近。例如，WFP_I-WP_g 关系式中的一次项系数在 1998 年、2005 年和 2010 年分别为–0.2921、–0.4267 和–0.6054，年均为–0.4414；常数项方面，4 个年份（时段）分别为 0.9999、1.2903、1.6543 和 1.3270；WFP_I-WP_{ET} 和 WFP_I-WP_I 关系式中也有非常明显的类似现象。综合分析认为，WFP_I 与其他水分生产率指标之间的统计关系在长时间内是稳定的，也就是说以代表年平均值的统计关系式来衡量多年平均情况下的统计关系式是可行的。可以粗略得到用以衡量多年平均情况下 WFP_I-WP_g、WFP_I-WP_{ET} 和 WFP_I-WP_I 的统计学关系式，分别为（$WP>0$）

$$WFP_I = -0.4407 \times WP_g + 1.3027 \tag{2-20}$$

$$WFP_I = -0.6056 \times WP_{ET} + 2.0460 \tag{2-21}$$

$$WFP_I = -0.9705 \times WP_I + 2.7408 \tag{2-22}$$

因灌溉粮食生产水足迹（WFP_I）和广义水资源水分生产率（WP_u）互为倒数关系，所以以上统计关系式又可以表达为水分生产率指标之间的关系（$WP_u>0$）：

$$WP_g = 3.0111 - \frac{2.2691}{WP_u} \tag{2-23}$$

$$WP_{ET} = 3.3785 - \frac{1.6513}{WP_u} \tag{2-24}$$

$$WP_I = 2.8241 - \frac{1.0304}{WP_u} \tag{2-25}$$

在进行空间水分生产率比较时，WP_u 的代表性相对更好。从各指标的定义和资源利用的角度来看，用 WP_u 或 WFP_I 来衡量宏观上粮食生产和水资源投入之间的关系也是合理的：WP_g 将降水总量和灌水量作为投入，然而通常只有一部分的降水转化为土壤水而被作物利用，其他部分则以流入河道、无效蒸发、进入地下含水层形式分离，虽有可能以灌溉的方式重新利用，但也已经在灌水量中含入而造成了重复计算，所以 WP_g 作为指标有可能造成水资源投入项偏大；WP_I 仅考虑灌溉水引用而忽略了天然降水的资源属性，不能全面反映粮食生产对水资源的真实利用，且降水贡献在粮食生产中所占的比例较大，是保障粮食生产的关键因素，所以 WP_I 从资源利用角度看存在缺陷；WP_{ET} 揭示田间尺度水分消耗情况，从农业生产用水过程看不能反映出区域的灌溉工程状况，此外，灌溉输配水过程中的水资源损失量和非水田田间渗漏损失量虽未直接为作物生长发育服务，但也是工程设计及灌溉引水计划必须考虑的，将这部分排除不能反映农业生产对水资源的真实需求。

参 考 文 献

操信春. 2015. 中国粮食生产用水效率及其时空差异研究. 西北农林科技大学博士学位论文.

操信春, 任杰, 吴梦洋, 等. 2018. 基于水足迹的中国农业用水效果评价. 农业工程学报, 34(5): 1-8.

操信春, 邵光成, 王小军, 等. 2017. 中国农业广义水资源利用系数及时空格局分析. 水科学进展, 28(1): 14-21.

操信春, 吴普特, 王玉宝, 等. 2014. 水分生产率指标的时空差异及相关关系. 水科学进展, 25(2): 268-274.

崔远来, 熊佳. 2009. 灌溉水利用效率指标研究进展. 水科学进展, 20(4): 590-598.

雷波, 刘钰, 许迪, 等. 2009. 农业水资源利用效用评价研究进展. 水科学进展, 20(5): 732-738.

吴普特, 王玉宝, 赵西宁. 2012. 中国粮食生产水足迹与区域虚拟水流动报告. 北京: 中国水利水电出版社.

Allan J A. 1997. Virtual water: a long term solution for water short Middle Eastern economics. British Association Festival of Science, University of Leeds.

Cao X C, Ren J, Wu M Y, et al. 2018. Effective use rate of generalized water resources assessment and to improve agricultural water use efficiency evaluation index system. Ecological Indicators, 86: 58-66.

Cao X C, Wang Y B, Wu P T, et al. 2015. An evaluation of the water utilization and grain production of irrigated and rain-fed croplands in China. Science of the Total Environment, 529: 10-20.

Hoekstra A Y, Chapagain A K, Aldaya M M, et al. 2011. The Water Footprint Assessment Manual: Setting the Global Standard. London and Washington: Earthscan.

第3章　区域虚拟水流动与农业水管理

本章主要论述基于虚拟水流动调控的农业水管理科学设想，从而有效解决目前农业水管理面临的新挑战，丰富管理节水内涵与技术途径。在介绍区域农业虚拟水科学内涵与影响因素，以及流动过程评价要素与内容的基础上，重点论述区域农业虚拟水流动过程调控路径，以及基于区域农业虚拟水流动过程调控的农业水管理策略。

3.1　区域农业虚拟水流动概念与影响因素

伴随不同区域之间贸易量不断增大，实物交换所引起的区域之间虚拟形态水资源的贸易量也越来越大，以往单纯考虑常规水资源的分析已呈现出一定局限性，虚拟水流动的概念基于此而产生，更加真实地反映了人类社会对水资源的消耗情景。区域农业虚拟水流动衡量了农产品贸易所对应的虚拟形态水资源的流动。

3.1.1　虚拟水流动理论基础

虚拟水流动理论是水资源管理领域的重要内容，对改善现有水资源管理具有重要意义。对于水资源短缺的国家或者地区而言，可以通过减少水密集型产品或服务的生产而从其他国家或地区进口，即通过调整虚拟水流出与虚拟水流入，来缓解本国或者本地区的水资源压力，这主要是建立在以下理论基础之上（张吉辉，2012；白刚，2010）。

（1）资源流动理论

资源流动指的是在人类活动影响下，资源在产业、消费链及区域间所发生的运动、转移或转化。资源流动包括横向流动和纵向流动两种形式。横向流动指的是资源在地理空间资源优势作用下发生的空间位移，纵向流动指的是资源在“原态—加工—消费—废弃—再利用……”供应链条上所发生的形态、功能及价值的改变。资源流动的原始动力是区域之间资源分布的不均衡性及经济社会活动对资源需求程度的改变。准确估算维持国家或地区经济社会正常运转所需要的自然资源数量，同时正确理解自然资源的经济社会代谢过程，也就是其流动过程，有助于认识自然环境与经济活动的关系，了解国家或区域的资源自给能力及对外依赖度，而且有助于改善自然资源的利用效率，控制环境污染，为制定更为合理的资源使用政策提供科学参考。

伴随着商品或服务贸易过程所产生的虚拟水流动，实际上也属于资源流动研究范畴。虚拟水流动研究是以水资源为对象，从利用过程和流动机理出发，通过估算维持国家或地区经济社会运转需要的水资源量，评价人类活动对水资源系统的影响，明晰水资源在经济社会体系及不同区域间的流动过程，从而为缓解区域水资源短缺，改善区域水资源的利用效率，以及制订更为合理的水资源管理措施提供科学参考和依据。

（2）资源替代理论

资源替代理论是经济可持续发展的重要原理之一。人类社会、经济、科学和技术的不断发展进步，其实质就是资源替代，而人类文明进程就是一部资源开发利用和不断替换的发展史。从广义上说，资源替代意味着在产品发展和科学技术更新过程中，以较高层次资源替代较低层次资源，以外部资源替代内部资源，也就是尽可能以存量较大、流量较多、再生速度较快、经济社会生态效益较好的资源替代存量较小、流量较少、再生速度较慢、经济社会生态效益较差的资源。资源替代并不意味着完全替代，而是通过部分替代来优化资源利用结构，改善资源利用效率，保障其可持续利用。

一般认为，水资源在人口经济社会发展过程中的作用是不可替代的，但在国家或者区域层面，水资源却具有可替代性，这里的替代不是针对资源本身，而是指功能上的替代。水资源短缺的国家或者地区可以通过跨流域调水，即利用其他国家或地区的水资源来替代本国或本地区的水资源。此外，缺水的国家或者地区可以通过虚拟水进口来满足本区域的消费需求，即利用虚拟形态的水资源来替代本国或本地区需要用于这部分进口产品或服务生产的水资源。

（3）比较优势理论

比较优势理论是国际贸易理论体系的基石。它的基础是亚当·斯密的绝对优势理论，核心是大卫·李嘉图的比较优势理论，并经过伊莱·赫克歇尔和贝蒂·俄林的要素禀赋论补充、完善形成。该理论认为不同国家或地区的要素禀赋差异，造成了产品生产成本及价格的差异，进而形成了国家或者地区的比较优势，即相对“有利条件”或者“低成本”。比较优势理论以自然资源禀赋为基础，同时考虑市场供需、生产要素聚集流动、技术水平改变等因素作用，针对供需双方进行。该理论认为一个国家或者地区应该利用自己在国际贸易中的相对优势，进行生产和贸易，从而实现资源的优化配置。

比较优势理论对制定合理的虚拟水贸易策略有重要意义，但合理的虚拟水贸易并非单纯考虑水资源禀赋差异产品的比较优势，如水资源稀缺地区从水资源丰富地区进口水密集型产品，应该同时考虑水资源以外的其他自然、社会、经济、环境和政策等因素，如此才能实现真正合理的虚拟水贸易，缓解现有的水资源压力。

3.1.2 虚拟水流动与不同要素之间的关系

系统性的虚拟水流动研究除了需要量化其数值，了解可能的影响因素及相互之间的作用机理也是虚拟水流动研究的重要内容。气候变化将会引起气温升高及降水改变，进而会影响不同作物的生产情况及作物单产，改变现有的农产品生产和贸易模式，进而改变虚拟水流动情况（Zhao et al.，2014b；Konar et al.，2013）。农业生产技术会影响国际贸易模式，进而影响虚拟水流动情况，而作物单产和农业灌溉水利用系数是衡量农业生产技术水平的重要指标（Ercin and Hoekstra，2014）。Oki 等（2003）计算了日本农畜产品的虚拟水含量，之后进一步量化了日本 2000 年总的虚拟水进口量，认为虚拟水进口的最主要原因并不是水资源匮乏，而是本国的耕地资源受限。同时 Kumar 和 Singh（2005）及 Verma 等（2009）也得出了相似的结论。此外，很多学者的研究均表明人口（Tamea et al.，2014；Zhao et al.，2014a；Dalin et al.，2012）和国民生产总值（Tamea et al.，2014；Dalin et al.，2012；Suweis et al.，2011）是影响虚拟水流动的重要因素。

国内学者刘红梅等（2008）考虑水资源短缺现状及虚拟水流向现象的普遍性，从社会、经济、政治、生态 4 个方面对虚拟水贸易的驱动力进行了分析。陈丽新和孙才志（2010）量化了我国的农产品贸易产生的虚拟水流动量，并从人口、耕地资源、技术进步、国家政策和经济驱动 5 个因素分析了其形成机理。黎东升等（2010）也针对农业虚拟水流动做了相关研究。孙才志等（2010）主要量化了我国的粮食作物虚拟水流动情况，并从自然属性、资源优化配置、经济价值及资源禀赋等角度分析了我国粮食作物虚拟水流动格局的影响因素，提出水资源并不是唯一影响因素，同时评价了不同地区的虚拟水流动适宜性，认为农产品适宜的流出区为东北、华北南部及长江中下游地区，适宜的流入区为上海、天津、北京、西北及东南沿海地区。

区域间粮食贸易引起的虚拟形态的水资源的转移行为，一方面受该区域作物生产用水的影响，另一方面受区域作物消费行为的影响。作物生产用水主要由气象要素与农业生产要素共同决定，而作物消费行为主要受区域经济社会要素驱动。因此，定性确定区域虚拟水流动的主要影响因素，可结合可获取数据，采用 SPSS 软件，分别就气象要素（如年平均气温和年平均降水）、农业生产要素（如作物单产、播种面积、灌溉水利用系数和灌溉水价）、经济社会要素（如人口数量、城镇化比例、国民生产总值和作物零售价格指数）等指标与虚拟水流动量进行 Pearson 相关分析。

3.1.3　将虚拟水应用于区域水资源管理的意义

（1）虚拟水研究促进了水资源管理领域观念及制度的创新

传统上，人们对于水资源及粮食安全等问题，习惯于从问题发生区域的内部来寻找能够解决问题的方案，但虚拟水理念则从系统角度出发，采用系统思考方法，通过寻求与问题相关的各种因素，来在问题范围以外寻找解决问题的途径（Novo et al.，2009）。通过调整贸易行为产生的虚拟水流动来缓解区域水资源压力，是水资源社会化管理的一种体现，是水资源的管理从现有层次进入更高层次而采取的解决方案，是一种先进的水资源管理模式。当通过供给管理（开源）、技术性节水管理（节流）及内部结构调整均不能保证缺水地区经济社会可持续发展时，对水资源实行社会化管理就成为缓解区域水资源压力、实现水资源高效利用的另一有效方法。虚拟水管理是将克服自然资源稀缺转变为克服社会资源稀缺，通过调整制度及结构，来解决区域性自然资源（水资源）稀缺的问题，因而很大程度上促进了水资源相关管理的观念创新与制度创新。

（2）虚拟水研究促进了全球范围的水资源配置及使用效率的提高

根据传统的国际贸易理论，国家或地区应该出口本国或本地区具有比较优势的产品或服务，同时进口本国或本地区具有比较劣势的产品或服务，以此来获得自身效益最大化。从经济角度分析，水资源丰富的国家或地区水资源的价格相对较低，生产高耗水型的产品相对水资源稀缺的国家或地区具有比较优势，同时在水资源丰富的国家或地区生产这些高耗水型产品通常也具有较小的负外部性。虚拟水贸易通过引导水资源以虚拟形式从生产效率较高的国家或地区向生产效率较低的国家或地区流动，以实现全球范围内水资源的有效配置，也就意味着提高了全球实体水资源的综合利用效率（Hoekstra et al.，2012）。

（3）虚拟水为水资源输运、储存提供了一种新选择

虚拟水理念将产品与水资源有效结合，通过从水资源丰富的国家或地区调入高耗水型产品，改变之前从区域范围内提升本地水资源潜力增加产品供给的思路，能够以虚拟水来代替实体水，进而缓解区域的水资源压力。虚拟水相对实体水具有较低的成本、较强的操作性及可持续性，是对实体调水项目的一种替代，为全球范围及不同区域之间的水资源输运行为提供了一种新选择。水资源禀赋是需要考虑的生产投入要素，我国北方地区水资源匮乏，而南方地区水资源丰富，可以通过南北方之间的虚拟水贸易来缓解北方地区的水资源紧张局势，为解决北方地区现有的水资源短缺及水环境污染等问题提供一条新思路。

但需要注意的是，虚拟水贸易本身也存在一定的负面影响。对于虚拟水出口国家或地区而言，可能会因为出口行为对当地环境产生一定影响，如过度地开发当地水资源及其他资源；而对于虚拟水的进口国家或地区而言，如果不能为当地农民提供其他种植选择或就业途径，虚拟水贸易很可能会影响这些农民乃至他们家庭的正常生计。因此，在实施虚拟水贸易策略之前，需要综合考虑虚拟水贸易与自然、经济、社会及环境等多方面要素之间的关系。

3.2 区域虚拟水流动过程调控路径

虚拟水流动将区域作物生产与消费行为联系起来，为改善现有水资源管理、缓解水资源压力提供了一条新思路。根据相关学者研究，虚拟水流出在一定意义上意味着水资源“损失”，即大量的水资源嵌入在作物中流向其他区域，而不能再用于本区域内其他行业生产，尤其是那些比种植业产生更大经济效益的行业；而虚拟水流入意味着水资源“节约”，即流入区不必消耗内部水资源来生产这些作物，可以将这些“节约”的水资源用于其他行业生产。因此，从研究区角度出发，虚拟水流动调控目标为适当减小虚拟水流出量，增加虚拟水流入量。

结合研究区域农业生产和经济社会条件，可以通过以下措施来调整现有的虚拟水流动模式。

（1）提高灌溉水利用系数

灌溉水利用系数的提高有利于减少作物生产耗水量，进而减小虚拟水流出量。目前，很多地区灌水粗放，灌溉水利用系数较低。未来，更合理灌溉方式及更先进灌溉技术的应用，都将有助于减小区域虚拟水流出量。

（2）合理控制作物播种面积，调整作物种植结构

作物播种面积的增加使得农业生产规模不断扩大，更多的水资源用于作物生产，进而以虚拟水的形式输送到区域外部。合理控制作物播种面积，有利于减小虚拟水流出量。另外，根据杰文斯悖论（反弹效应），区域用水效率提高后，水资源往往并未被真正节约下来，而是促使农民不断扩大种植面积，生产更多的作物，从而带来更多的虚拟水流出量（Ward and Pulido-Velazquez，2008；Alcott，2005），因此控制作物播种面积成为减小虚拟水流出量的重要措施之一。但需要注意，我国重要的农业生产基地，其农业生产影响到很多区域的经济社会稳定，因此，种植面积的调控需要综合考虑区域内部和区域外部的自然、经济、社会条件。此外，种植结构的调整，尤其是低耗水型产品替代水密集型产品均有利于减少区域耗水

量，有利于进一步减少虚拟水输出，缓解区域水资源压力。

从消费角度出发，消费者第一种选择是改变消费结构，通过使用需要较少水足迹的产品来替代需要较多水足迹的特定产品（Hoekstra et al.，2012）。例如，少吃肉类食品或者成为素食主义者，喝清水替代咖啡，或者少穿棉质衣服和人造纤维衣服。但这种方法有一定局限性，因为许多人不能轻易地从肉食者转变为素食者，而且人们喜欢咖啡及棉质衣服。第二种选择是选择那些水足迹相对较小或者没有较大的水资源短缺问题的地区所生产的棉质衣服、牛肉和咖啡。然而，这要求消费者根据适当的信息作决定。因为消费者不容易得到这些信息，所以消费者能做的一件重要的事情是要求商业增强产品的透明度及要求政府加强调控。当一件特定产品对水系统影响的信息可获得后，消费者可以有意识地选择性购买。

此外，还有一些贸易调整措施，也有利于改善研究区域现有的虚拟水流动模式，以缓解区域水资源压力。从虚拟水流动的作物构成角度出发，不同作物生产所消耗的水资源量不同，倡导研究区域生产并且输出一些相对低耗水的作物，同时调入一些高耗水的作物，有利于减小虚拟水流出量的同时增加虚拟水流入量。需要注意的是，这种作物生产贸易模式的调整，尤其是生产模式的调整，需要将水资源以外的其他经济社会影响都纳入考虑（Zoumides et al.，2014；Konar et al.，2013）。从政府宏观调控角度出发，针对现有的各区域虚拟水流动模式，综合考虑区域自然、社会和经济条件，建立相应的区域虚拟水流动补偿和惩罚机制，尤其是针对一些高水资源压力同时也是大量虚拟水流出的区域。另外，提高公众对虚拟水流动的认知，建立虚拟水流动评价体系，都有助于调整虚拟水流动模式，缓解区域水资源压力。

3.3　基于区域虚拟水流动调控的农业水管理策略

中国人口众多，水资源南多北少、供需矛盾严峻，农业部门是最大的水资源消耗部门。自 1990 年以来，中国北粮南运格局逐渐形成，每年从北方输送到南方的粮食中嵌入的水资源量从 90 亿 m^3 增长到 500 亿 m^3 以上（吴普特等，2010）。区域虚拟水循环分析能将自然资源稀缺问题转换为社会资源稀缺问题，促进不同行业水资源相关管理理念创新与制度创新，同时促进更大范围的水资源配置及使用效率的提高，并为水资源输运、储存提供一种新选择（Hoekstra et al.，2012）。

虚拟水战略是指贫水国（地区）以贸易的方式从富水国（地区）购买水资源密集型产品，实现粮食与水的安全。虚拟水战略从系统观的角度出发，从影响问题的相关因素入手，以虚拟水为契机，寻求解决区域尺度“水赤字”对策；提倡贫水国出口高效益非水密集型产品，进口本国水资源难以维系的粮食产品等水密集型产品，以贸易的形式解决水资源短缺和粮食安全问题。

3.3.1 水权转让与作物虚拟水输出补偿机制

水权转让是激励灌区管理单位节水的主要举措，但实施水权有偿转让的同时，必须建立作物虚拟水补偿机制（Wang et al.，2017；刘帝，2016）。一个区域农业节水量可转为其他区域用水，区域内工业、生活或生态用水，也可用于扩大农业再生产，以满足我国现阶段人口增长、生活水平提高、经济发展情况下的作物产品消费消耗量增加的需求。灌区管理单位在保障灌区正常农业生产的情况下，可自主对节约的水量进行处置，如有偿转让或扩大作物生产，使灌区在节水中受益，从而激励灌区管理单位节水。但是，由于农业水价远低于工业和生活水价，即使在作物生产满足不了整个国家需求（尤其是国家粮食安全问题），灌区仍然愿意将节约的水量进行有偿转让而非扩大作物生产，这就需要实施作物虚拟水输出补偿，使灌区将节约的水量能用于扩大作物再生产（如扩大灌溉面积、提高复种指数等），进而优化调控区域用水结构与产业结构。

制定合理完善的水权转让标准和作物虚拟水补偿标准，所获补偿属于整个灌区。应依据区域现状农业生产和用水水平、现状年用水总量等情况确定灌区初始水权（除水资源所有权以外的水资源使用权、水资源占有权、水资源收益权和水资源转让权）；依据区域用水边际效益等指标制定区域水权转让标准；依据区域作物产品的实际消费状况，计算出区域作物消费水足迹水平，进而结合区域作物水足迹确定区域作物虚拟水输出标准。水权转让和虚拟水补偿收益属于整个灌区，灌区管理单位应根据实际状况，将收益用于灌区基础设施建设、改造、维护及提高灌区管理条件，农户节水补偿、节水技术投资，以及提高职工福利等。

在保障灌区正常农业生产的情况下，灌区节约的水量若转为外区域用水，由外区域用水户按照补偿标准进行补偿；若为流域内其他灌区农业用水，灌区之间可协商确定农业水权转让价格，以优化流域内农业生产中的水资源配置；在区域内向工业和生活用水转让的，由供水单位相应水费收入部分进行补偿；转为区域或流域内生态用水的，由国家予以补偿。

灌区内农户间水权转让，在以往试点中比较典型的是实行“水票制”，农户间可自由转让买卖水票，由于农业水价过低且农户可转让水量有限，实施效果并不理想。但随着水价和农业规模化生产水平的提高，农户之间的水权转让收益也能在一定程度上提高农户投入农业节水的积极性。

3.3.2 农业水价定价与作物生产水补偿机制

水价提高是促进农户节水的重要举措，但水价提高的同时，必须建立作物生产水补偿机制（杨振亚，2017）。农业水价过低，农户节水所获效益就非常有限，缺乏节水积极性，水价提高无疑是激励农户节水的最重要举措；但是以水价提高来激励农户节水，存在诸多问题。首先，对灌区管理单位而言，水价提高使水费所占收入来源比例上升，但节水会影响灌区的经济利益。其次，对农户而言，提高农业水价并不必然带来节水的效果，因农业种植的利润低，在计入农民的劳务成本的状况下，粮食生产甚至出现零利润和负利润的现象，提高农业水价，增加农业生产的成本，会极大地影响农户从事农业生产尤其是粮食种植的积极性，导致其放弃灌溉，改变种植结构甚至弃耕，给我国粮食安全带来巨大风险。因此，单独的水价改变并不能提高农业节水技术使用主体的节水动力，从而促进农业节水技术的推广应用。农业节水主体节水积极性和节水能力较低的现状要求在水价提高的同时，建立作物生产水补偿机制。

农产品和农业用水具有 3 种特殊属性，决定了作物生产用水应给予补偿。①农业生产的公益职能，农产品作为民众生活的基本资源和工业的主要原材料，国家一直采取限价销售的政策，以保障低收入群体的生活，控制通货膨胀和保持社会稳定，致使农产品经济属性不明显，表现为农业的利润空间被工业挤占，农业为工业付费。②农业用水的生态功能，与工业相比，农业生产对水资源污染小，且农业灌溉对于维护区域小气候、保持地下水位、控制盐碱化及保护农田生态环境有重要作用，表现为农民购买的灌溉水超出其生产所需水量，农民为生态用水付费。③水资源转移的虚拟性，与实体水资源的区域间调运不同，用于农业生产的水资源以虚拟形式伴随农产品贸易在区域间转移，而生产农产品的水资源价值未在农产品交易中体现，表现为农产品输出区为输入区用水付费。

农业生产中水资源的特殊属性导致其价值无法通过市场行为实现，农业生产和用水具有正的外部性，即他人从农业生产、用水中获得正的福利却未支付相应的费用，即农业为工业付费、农民为生态付费、农产品输出区为输入区付费。对于提供正外部性"产品"的主体（农户、灌区管理单位、粮食主产区等农业生产部门）而言，成本和收益的不对等会极大地影响其供给"产品"的积极性，必须给予补偿以保障该"产品"的有效供给。农业生产的公益职能要求工业给予补偿，农业用水的生态功能要求国家给予补偿，农业生产中水资源转移的虚拟性要求粮食输入区给予补偿，这些对农业生产和用水的补偿可统称为作物生产用水补偿。

水价制定与作物生产用水补偿标准存在耦合机制，二者必须统筹考虑，水价分级与补偿标准必须与作物生产效率挂钩。农业水价的上限可定为全成本水价，下限应能充分调动用水户节约用水的积极性。依据区域农业生产与用水水平，确定区域各作物生产水足迹控制标准，在标准之内的，水价按正常水价执行，按照全部水费进行补偿并对节约的水量进行奖励（正好达到控制标准的不予以奖励），高于控制标准的实行阶梯式水价，利用经济杠杆促进水资源节约。补偿费用分别来源于水权转让费、国家农业生产用水专项经费与农产品输入区需支付的虚拟水费。

参考文献

白刚. 2010. 基于虚拟水理论的绿洲灌区农作制优化. 甘肃农业大学硕士学位论文.
陈丽新, 孙才志. 2010. 中国农产品虚拟水流动格局的形成机理与维持机制研究. 中国软科学, 11: 44-53.
黎东升, 熊航, 唐荣胜. 2010. 基于层次分析法的农产品虚拟水流动实施条件评价. 农业技术经济, 9: 80-89.
刘帝. 2016. 灌区水权转让与虚拟水补偿耦合模型的开发及应用. 西北农林科技大学硕士学位论文.
刘红梅, 王克强, 刘静. 2008. 虚拟水贸易及其影响因素研究. 经济经纬, 2: 50-53.
孙才志, 刘玉玉, 陈丽新, 等. 2010. 中国粮食贸易中的虚拟水流动格局与成因分析——兼论"虚拟水战略"在我国的适用性. 中国软科学, (7): 36-44.
吴普特, 赵西宁, 操信春, 等. 2010. 中国"农业北水南调虚拟工程"现状及思考. 农业工程学报, 26(6): 1-6.
杨振亚. 2017. 农业水价定价与生产用水补偿耦合模型研究. 西北农林科技大学硕士学位论文.
张吉辉. 2012. 基于水足迹的区域广义水资源动态协调与控制. 天津大学博士学位论文.
Alcott B. 2005. Jevons' paradox. Ecological Economics, 54(1): 9-21.
Dalin C, Suweis S, Konar M, et al. 2012. Modeling past and future structure of the global virtual water trade network. Geophysical Research Letters, 39(24): L24402.
Ercin A E, Hoekstra A Y. 2014. Water footprint scenarios for 2050: a global analysis. Environment International, 64(3): 71-82.
Hoekstra A Y, Chapagain K A, Aldaya M M, et al. 2012. 水足迹评价手册. 刘俊国, 曾昭, 赵乾斌, 等译. 北京: 科学出版社.
Konar M, Hussein Z, Hanasaki N, et al. 2013. Virtual water trade flows and savings under climate change. Hydrology and Earth System Sciences, 17(8): 3219-3234.
Kumar M D, Singh O P. 2005. Virtual water in global food and water policy making: is there a need for rethinking? Water Resources Management, 19: 759-789.
Novo P, Garrido A, Varela-Ortega C. 2009. Are virtual water "flows" in Spanish grain trade consistent with relative water scarcity? Ecological Economics, 68(5):1454-1464.
Oki T, Sato M, Kawamura A, et al. 2003. Virtual water trade to Japan and in the world. *In*: Hoekstra A Y. Virtual Water Trade: Proceedings of the International Expert Meeting on Virtual Water Trade, Value of Water Research Report Series No.12. Delft, The Netherlands: UNESCO-IHE: 221-235.
Suweis S, Konar M, Dalin C, et al. 2011. Structure and controls of the global virtual water trade network. Geophysical Research Letters, 38(10): L10403.
Tamea S, Carr J A, Laio F, et al. 2014. Drivers of the virtual water trade. Water Resources Research, 50(1): 17-28.
Verma S, Kampman D A, Van der Zaag P, et al. 2009. Going against the flow: a critical analysis of inter-state virtual water trade in the context of India's national river linking programme. Physics and Chemistry of the Earth, 34(4-5): 261-269.
Wang Y B, Liu D, Cao X C, et al. 2017. Agricultural water rights trading and virtual water export compensation coupling model: a case study of an irrigation district in China. Agricultural Water

Management, 180: 99-106.

Ward F A, Pulido-Velazquez M. 2008. Water conservation in irrigation can increase water use. Proceedings of the National Academy of Sciences of the United States of America, 105(47): 18215-18220.

Zhao C, Chen B, Hayat T, et al. 2014a. Driving force analysis of water footprint change based on extended STIRPAT model: evidence from the Chinese agricultural sector. Ecological Indicators, 47: 43-49.

Zhao Q, Liu J, Khabarov N, et al. 2014b. Impacts of climate change on virtual water content of crops in China. Ecological Informatics, 19: 26-34.

Zoumides C, Bruggeman A, Hadjikakou M, et al. 2014. Policy-relevant indicators for semi-arid nations: the water footprint of crop production and supply utilization of Cyprus. Ecological Indicators, 43: 205-214.

第 4 章　农业水足迹估算与区域虚拟水流动评价方法

本章主要论述农业水足迹估算方法和区域虚拟水流动计算与评价方法，旨在为利用农业水足迹进行农业用水效率评价，以及基于虚拟水流动调控的农业水管理提供方法依据。在介绍农业水足迹量化与估算总体思路的基础上，以作物生产水足迹为例，结合农业生产用水特点，特别是灌溉农业用水过程与特点，对国际上通用的农业水足迹计算方法进行了修改，使之能够反映作物生产实际用水与耗水过程；在此基础上，进一步分析了不同尺度作物生产水足迹估算与要素量化的边界及方法，细化了作物生产蓝水足迹、绿水足迹，以及灰水足迹的估算量化方法。基于上述分析，提出了区域农业虚拟水流动量计算方法、区域农业虚拟水评价流程与方法，以及农业水足迹估算与区域农业虚拟水流动评价亟须研究解决的若干问题。

4.1　农业水足迹量化总体思路

农业生产是一个复杂的自然-人工交互过程。在农业（本书特指种植业，下同）用水过程中，自然水文循环和人工水文循环相互叠加、相互影响。农业生产所利用的水资源不仅来自蓝水资源（灌溉水），也来自绿水资源（降水转化为的土壤水），这些不同类型的水资源混合在一起进入农田，形成田间土壤水，并最终为作物生产所利用。因此，农业水足迹量化的总体思路是分析不同研究尺度下广义水资源（蓝水和绿水）在农业生产过程中的转化、利用过程，同时结合作物的经济产量，就可以得到作物生产水足迹（单位：m^3/kg），作物生产灰水足迹则表征稀释作物生产过程中所使用的环境污染物（化肥、农药等），并使污染物浓度达到环境标准所需的淡水资源量，并非实际消耗的水分，因此将其单列一节进行讨论。

4.1.1　农业用水过程分析

农业生产类型按作物生长用水过程主要分为两类（图 4-1）：一类是雨养农业，即作物生长所需水分来源于自然降水，主要分布在一些降水量充沛不需要进行补充灌溉，或者没有灌溉水源或不具备灌溉条件的地区，雨养农业受降水的年际、年内波动影响较大，是名副其实的“靠天吃饭”，农业生产无法得到有效保障；另一类是灌溉农业，即作物生长所需水分的来源除了自然降水，还有人工灌溉，即人工引水灌溉农田，保障作物的正常生长，灌溉可以有效避免降水量在年际、年内的波动变化对农业生产稳定性的影响。

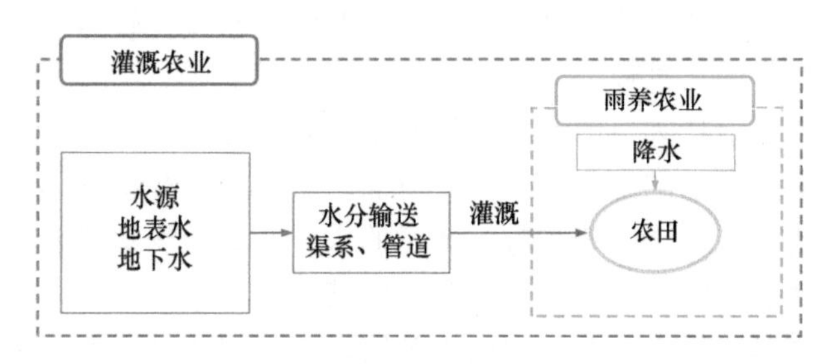

图 4-1　两种农业类型的水分来源

雨养农业的用水来源单一，只能通过降水获得，而灌溉农业的用水来源多样，按水源可以分为地表水和地下水两类（图 4-2）。地表水主要是河流、湖泊或水库等水体，一般通过修建引水设施（如水坝、渠系等）将水输送到需要灌溉的田间，地表水因其水量较为充足，补给快，能够保证长期稳定的供水，因此通常适用于远距离大流量的水分输送，目前我国灌区的水源主要是地表水。地下水是指埋藏在地表以下各种形式的水分，一般通过打井抽取地下水来灌溉农田，受限于地下水不能进行短期大量开采（作物生育期集中灌溉需水量较大），无法满足大范围灌溉的需求。因此，地下水灌溉一般适用于短距离输送、小范围的灌溉，作为地表水灌溉的一个有效补充。雨养农业中，水分进入田间后的去向有 4 种：田间蒸发蒸腾、渗漏补充地下水、径流和作物生长（图 4-2a）。灌溉农业的水分利用消耗则稍显复杂，发生位置既有田间蒸发蒸腾和渗漏损失，又有灌排渠系的损失（图 4-2b）。灌溉农业的作物水分利用过程概括为，从水源处引灌溉水并通过渠系或管道输送到田间进行灌溉，多余水分通过地表径流、壤中流等形式从田间排出，在这期间

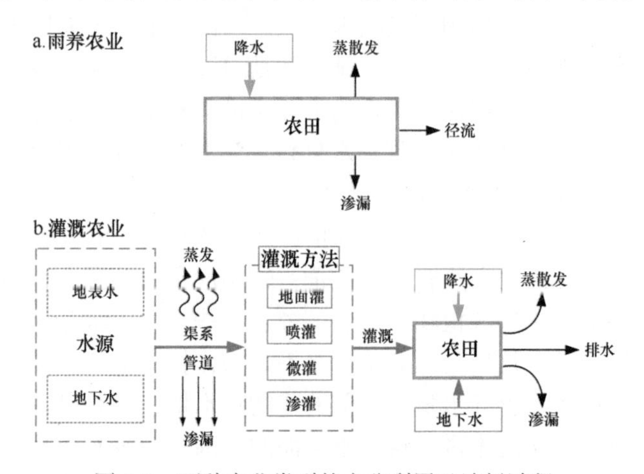

图 4-2　两种农业类型的水分利用及消耗过程

发生多种形式的水分利用或消耗。按照灌溉水向田间输送及湿润土壤方式的差异，灌水方式一般可以分为 4 类：地面灌、喷灌、微灌和渗灌（汪志农，2010）。灌溉农业是我国粮食生产的主要类型，且雨养农业的用水过程较为简单，因此，本书主要分析灌溉农业用水过程。

作物生长需要消耗大量的水分，这些消耗是基于作物生长对水分的需求。作物需水量包含生理需水和生态需水两个方面。生理需水是植物维持其生命正常生长的各种生理活动（光合、蒸腾等）所需的水分，如植物蒸腾就是生理需水的表现。生态需水则是植物生长过程中，为保障其正常生长的生存环境消耗的水分，如植物的棵间蒸发。基于这两方面的水分需求，为保障植物的正常生长，及时合理的灌溉和排水十分重要。

确定作物需要灌溉的水量后，就需要合理选择灌溉时期。灌溉的时期依据作物生长可以划分为两段：一是作物生育期的灌溉，二是作物非生育期的灌溉。作物生育期灌溉是直接用于满足作物生长需求及保障其正常生长环境，尤其是在作物生长的关键时期，适宜的水分能保证作物正常生长。作物非生育期灌溉则是为了间接满足作物生长并保障其生长环境，如稻田的泡田，即在水稻插秧前对稻田灌溉，浸泡耕作层土壤，以便耕耙和插秧；又如在盐碱地需要提前大水漫灌，以冲洗压盐，河套灌区的秋浇即是此种类型。这些措施都需要消耗水量，虽然没有在作物生育期，但都是为保障作物生长的良好环境而消耗的水分，因此也是作物消耗水量的一部分。

从水分循环角度来分析灌溉农业的水分利用，为满足作物用水需求，使土壤保持适宜的含水量，当土壤水分不足，即降水量无法满足作物需水量时，就需要进行灌溉（从水源取水并通过 4 种主要灌溉方式将水分输送到田间供植物利用），同时田间接收自然降水，这是将地表水、地下水和大气水转化为土壤水的过程；水分进入田间，一部分被作物蒸发蒸腾消耗，一部分下渗补充地下水，这是土壤水转化为大气水和地下水的过程；而排水则是通过地表径流、壤中流等形式排出土壤中多余的水分，使土壤保持合适的水分含量及酸碱度，这是土壤水和地下水转化为地表水的过程。这 3 个过程中水分转化为大气水或排出流域外（不能为当地再次使用），都是对当地水资源的消耗。

通过上述作物水分需求、灌溉管理措施及灌溉水循环的分析可知（图 4-2b），作物生产过程中水分消耗主要有 4 个方面：①田间蒸发蒸腾；②田间渗漏；③输配水的蒸发和渗漏；④构成植物体的一部分。这些消耗的水分的共同特点是为作物的正常生长所服务。这也是区分水分是不是为作物所消耗的一个重要标志，即消耗的水分能否计入作物耗水量。目前的作物耗水量计算是以田间为计算单元，但对于现代农业生产系统来讲，这是不全面的，因为灌溉农业是一个规模庞大且十分复杂的系统工程，它包含“引水—输水—灌水—排水”等方面，灌区的面积从几公顷到上万公顷。因此要评价作物的用水特征，就需要从灌区的整体角度来分析和量化作物用水，因为灌区是以一个灌溉系统来为作物生产服务，不能局限于在某一田块上评价作物生产用水。

从作物生产过程水分利用发生的时间角度分析，作物生长的时期可以分为三部分：一是作物播种前，二是作物生长期，三是作物收获后。作物播种前，有些土地的土壤含水量少，达不到种子萌发的需求，需要提前进行灌溉，提高土壤墒情；作物生长期，则根据土壤墒情和作物的需求情况进行灌溉；作物收获后，部分盐碱地可能会由于土壤含盐量高而需要进行灌溉洗盐，从而保障下次作物种植时能正常生长，这些不同时期的农田管理措施都需要消耗大量的水分。作物生产过程以是否有作物生长又可分为两个时期：一是作物生育期，二是作物非生育期。这三个时期或两个时期的水分消耗都是为作物生长服务的，因此都需要计入作物生长耗水中。然而，由于土壤的蒸发机制在有作物和没有作物时是不一样的，因此，计算作物生长耗水时，需要划分为作物生育期耗水和作物非生育期耗水两部分。

从作物生产过程水分利用发生的空间角度分析，作物生长期的水分利用发生在两个区域：一是作物生长的田间，二是田间以外的区域。作物在田间的水分利用是作物在田间的生长过程中，通过作物表面蒸腾、土壤表面蒸发或水面蒸发及构成作物体这三部分实现；田间区域以外的水分利用是指将水分通过渠系或管道从水源输送到田间过程消耗的水分，或者田间灌水超过持水量时通过不同方式排出到排水沟中的水分。这两部分的水分消耗均服务于作物生长，因此都属于作物水分利用的一部分。

从作物生产用水发生后水分最终形态的角度分析，作物消耗的水分最终形态可以分为两种：一是气态水，二是液态水。气态水主要是田间的蒸发蒸腾、输水渠系的蒸发等；液态水是输配水渠系的深层渗漏，田间的深层渗漏、壤中流、径流及构成植物体的水分。

从作物生产耗水中植物是否利用的角度分析，作物生产耗水可以分为两类：一是直接耗水，二是间接耗水。直接耗水是作物生长过程中通过蒸腾作用消耗的水分。该耗水与作物本身的特性、田间的水分养分环境和大气环境有关。例如，亏缺灌溉或选择灌溉时期都是为了减少作物的直接耗水。间接耗水是指不直接用于作物生长、发育所消耗的水分，如渗漏、壤中流、土壤蒸发（前述的生态需水等）等，这些水分并不是作物必须消耗的水分，而是与灌溉相关的工程措施、灌溉方法和农田耕作管理制度有关，因此也可以通过改善这些措施而减少该部分的水分消耗（或称为“损失”）。

4.1.2 作物生产水足迹构成要素分析

作物生产水足迹，是一个过程水足迹，是作物生长所利用的水量与作物产量的比值，包括作物生产蓝水足迹、作物生产绿水足迹和作物生产灰水足迹。因此，要计算作物生产水足迹，首先需要明晰作物生产过程中的水分消耗构成。

根据传统水足迹定义，水足迹包括蓝水足迹、绿水足迹和灰水足迹。其中蓝水足迹是蓝水资源的消耗，即地表水和地下水的消耗，这些消耗包含以下 4 个部分：①蒸散；②产品内的水；③未回到原流域的水，如流到其他流域或海洋的水分；④未在同一时间返回的水，如干旱期流失、湿润期返回的水（图 4-3）。绿水足迹是对绿水的消耗，绿水是源于降水，没有形成径流或未补给地下水，而存储于土壤或植物表面的水分，绿水一般为农业或林业产品所消耗。绿水足迹包含了两部分：①生产过程中的蒸散；②产品内的水。灰水足迹则是某一生产过程中，将其产生的污染物稀释到当地水质标准所需要消耗的水（Hoekstra et al.，2012）。由其定义可知，灰水并不是真实消耗的水，而是通过水量大小的概念来反映某产品生产所造成的污染程度。

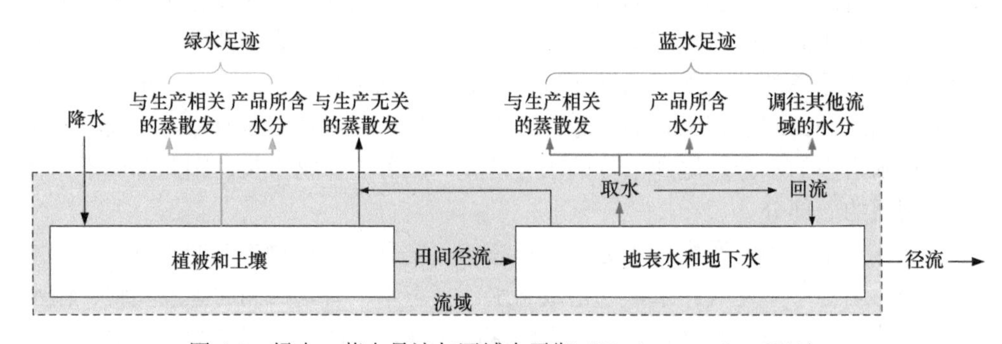

图 4-3 绿水、蓝水足迹与区域水平衡（Hoekstra et al.，2012）

作物生产水足迹基于作物用水量来计算。通过前述的作物生产用水过程分析可知，对作物而言，其生长中水分消耗是一个长时间大范围的过程，既有作物生育期的耗水，又有非生育期的耗水；既包含农田耗水，又包含输配水、田间深层渗漏等消耗。另外，在一些特殊区域，如河套灌区，土壤盐渍化严重，需进行“秋浇压盐”，在此过程中产生较多的农田排水，虽然这部分水未被作物直接利用，但对于改善土壤盐分环境、促进作物生产具有重要意义。鉴于此，我们将农田排水纳入作物生产水足迹核算范围。因此，作物生产蓝水足迹是由作物生产过程中所消耗的蓝水构成，包括田间蒸发蒸腾、进入植物体内的水分、灌溉水在输送—配水—灌溉过程中的损失量及改善环境所使用的水量等几部分。作物绿水足迹则由作物生产过程中消耗的绿水构成，即作物生产过程中的蒸发蒸腾耗水和构成作物的水分，并不是所有的绿水都构成绿水足迹。作物生产灰水足迹则是作物生长中使用农药或化肥后产生的污染物需要稀释到环境标准以下时所需要的水量。

在明确作物生产水足迹的构成要素后，需要厘清作物生产消耗水分的计算边界，即从耗水的形式、时间范围和空间范围这三个维度厘清实际中哪些水分属于上述三种类型，这种厘清是基于水足迹定义和作物耗水规律，即服务于作物生产的耗水。计算边界的厘清是准确完整地计算作物生产水足迹的基础。作物生产水足迹中水分消耗主要包括三个方面。

1）植物体内的水分。作物体内水分含量在时间上是计算其收获时的水分含量。作物体内含有一定水分，这些水分含量随作物的生长阶段不同而变化。生长初期，作物植株较小，含水量低；随作物生长，植株长大，其体内含水量上升；至作物收获期，生长停止，作物体内水分蒸腾流失，作物体内含水量降低。由于收获期作物植株体内的含水量较少，只占作物生长过程中蓝水和绿水消耗总量的不到 1%，对水足迹的影响也较小，因此一般在计算作物生产水足迹时不考虑植物体内的水分含量。

2）蒸发蒸腾。结合 4.1.1 节的农业用水过程分析，水分蒸发蒸腾过程空间上发生在三个位置：一是灌溉水源地（水库、湖泊或河流）；二是渠系；三是田间。从来源上看，蒸发蒸腾的水分来源于降水和灌溉水。对于灌溉水源地的蒸发量是否能构成作物生产水足迹的一部分是有争议的。Hoekstra 等（2012）建议将灌溉水源地的水面蒸发损失加入作物生产水足迹中，但如何计算没有提出具体方法。本研究认为，灌溉水源地的水面蒸发不应计入作物生产水足迹中。灌溉水源地（水库、湖泊或河流）一般具有开阔的水面，蒸发量较大，但是这里存在两个问题：一是这些水源地的水不管其最终用途是什么，在水源地这个区域都会产生蒸发，其是否消耗与有无灌溉没有关系；二是为增加蓄水量而修建大坝，这虽然使水源地的水面面积扩大增加了蒸发，但修建水坝引水可能导致下游水量减少，水面变窄，进而水面蒸发总量可能会减少，从水源地上下游整体的角度看，很难分辨水面蒸发总量是增加还是减少。基于上述原因，建议暂不将水源地的蒸发耗水计入水足迹的计算中。对于输水渠系，其修建的目的就是用来为作物生长输送水分，渠系的存在是人为扩展了水分消耗的途径，而且渠系中的水是间歇性存在，即只在作物需要灌溉时渠系有水，这时蒸发消耗的水分都是为作物生产服务的，因此输水阶段产生的蒸发和渗漏须计入作物生产水足迹中。而在田间，蒸发蒸腾是作物最主要的耗水方式。

3）未回到原流域而不能再利用的水。这是水足迹计算中的液态水。这部分水是指通过耗费人力、物力输送到田间的灌溉水，在输水过程或田间灌溉过程中，通过渗漏方式进入地下水排出区域，或以田间排水的方式排出流域，不能被该区域再次利用的水分。这些水分流失对于一个区域而言，是水资源的损失，同时这些水分虽然没有直接为作物吸收利用，但这些水是为维持作物正常生长的环境所流失的，也属于农业生产用水，因此需要计入作物生产水足迹中。上述是灌溉产生的排水，同时需要区分降水导致的排水和基流产生的排水。有些地区因降雨强度大而存在因降雨产生的排水（地表径流和土壤侧渗），这部分降水产生的排水不能计入作物生产水足迹。原因是：①降水产生的径流排水不属于绿水范畴；②降水是自然水循环的一个过程，人类只是被动利用其中一部分，其余部分降水（包括排水）受地理、气候等环境因素影响继续进行自然循环而不受人类控制；而灌溉则是受人类控制具有目的性的行为，即通过工程措施输送水分到田间，从而保证作物正常生长所需的水分。基流产生的排水则是针对地下水位埋深较浅的地区，该区域可能会有地下水进入河道而产生排水，这部分也不能计入作物生产水足迹。从时间上看，由于渗漏和田间排水的时间较长，因此，该部分水量计算应该从作物当季第一次灌溉时开始直到下一季作物种植或下一季作物第一次灌溉这两者中最早的时间结束，同时需要去除其中因降水和基流产生的排水。

作物生产水足迹中水分消耗的时间范围。由前述作物需水分析可知，作物生长的用水包括生理和生态两种，为满足这两种需要，灌溉时间并不局限于作物生育期，生育期的前后都有可能灌溉，如图 4-4 所示。因此，从时间上看，水量计算应该从作物种植或第一次灌溉两者中最早的时间开始，到下一季作物种植或下一季作物第一次灌溉这两者中最早的时间结束。水分消耗包括蒸散、渗漏和田间排水，详见前述分析。

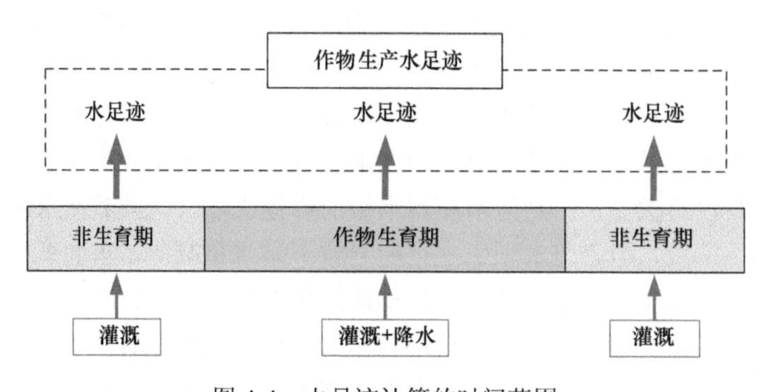

图 4-4　水足迹计算的时间范围

作物生产水足迹中水分消耗的空间位置。由上述分析可知，对雨养农业来说，只需计算田间的水分蒸发蒸腾消耗进而计算作物生产水足迹；但对于灌溉农业，尤其是需要渠系远距离输水灌溉的地区，单纯计算田间的水分消耗是不完整的，有些耗水过程并没有发生在田间（如前述的输水损失等），因此需要从区域整体角度来分析，该区域应该是具有统一的引水口及灌溉渠系，且在同一个流域中，从区域水循环的角度分析作物生长过程中水分的实际消耗，进而计算作物生产水足迹。

通过上述分析，作物生产水足迹中水分消耗由三种形式构成，即构成植物体的生物水、蒸发蒸腾的气态水及未回到原流域而不能再利用的液态水；水足迹的发生时期有两段，作物生育期和作物非生育期；水足迹发生的区域空间则主要包含田间、灌排渠系所处空间这两部分。

4.2　农业绿水足迹量化方法

农业绿水足迹是农业生产过程消耗的绿水资源量（m^3）。作物生产绿水足迹是指生产单位作物经济产量所消耗的绿水资源量（m^3/kg）。根据作物生长过程中用水来源情况可分为雨养农业和灌溉农业。在计算作物生产水足迹时，雨养农业只有绿水消耗，灌溉农业则除了消耗绿水，还需要消耗蓝水。因此，雨养农业的作物生产水足迹就是作物生产绿水足迹，灌溉农业的作物生产水足迹则包含了作物生产绿水足迹和作物生产蓝水足迹这两部分。

在雨养农业中，作物的蒸发蒸腾量就是作物生产中的绿水消耗。在灌溉农业中，作物的蒸发蒸腾包含两部分，一是绿水消耗，二是蓝水消耗。基于此，作物生产过程中的蒸发蒸腾量计算方法根据其原理主要分为两种，一是通过经验模型计算田间蒸发蒸腾量；二是通过水文模型计算，如 SWAT 模型模拟田间的蒸发蒸腾量。

经验模型方法是通过经验公式计算作物生产过程中的蒸发蒸腾量（ET_c）和有效降水量（P_e），而绿水消耗量则是这两者之间的较小值，具体计算公式为

$$WF_{green} = \frac{CWU_{green}}{Y} = \frac{10ET_{green}}{Y} \tag{4-1}$$

$$ET_{green} = \min(ET_c, P_e) \tag{4-2}$$

$$ET_c = K_c \times ET_0 \tag{4-3}$$

$$P_{e(dec)} = \begin{cases} \dfrac{P_{dec} \times (125 - 0.6 \times P_{dec})}{125} & P_{dec} \leqslant \dfrac{250}{3}\text{mm} \\ \dfrac{125}{3} + 0.1 \times P_{dec} & P_{dec} > \dfrac{250}{3}\text{mm} \end{cases} \tag{4-4}$$

式中，WF_{green} 为作物单位经济产量所消耗的绿水资源量，m^3/kg；CWU_{green} 为作物所消耗的绿水资源量，m^3/hm^2；Y 为作物单位面积产量，kg/hm^2；10 为单位转化系数，由单位水深（mm）转化为单位面积水量（m^3/hm^2）；ET_{green} 为作物蒸发蒸腾量中来自有效降水的部分，mm；ET_c 为作物蒸发蒸腾量，mm；P_e 为作物生育期有效降水量，mm；K_c 为作物系数；ET_0 为参考作物蒸发蒸腾量，mm，可以利用 CROPWAT 软件，根据当地气象资料，利用 Penman-Monteith 公式计算参考作物蒸发蒸腾量；P_{dec} 为旬降水量，mm；$P_{e(dec)}$为旬有效降水量，作物生育期内的有效降水量可由各旬有效降水量累加得到，该方法由美国农业部土壤保持局（USDA SCS）提出（Doll and Siebert，2002）。

水文模型方法则是，首先在研究区构建水文模型（如 SWAT 模型），然后利

用模型模拟计算雨养条件下作物生产过程中的蒸发蒸腾（ET_{nir}），该蒸发蒸腾量即为绿水的消耗量。其计算过程为

$$WF_{green} = \frac{CWU_{green}}{Y} \tag{4-5}$$

$$CWU_{green} = ET_{nir} \tag{4-6}$$

式中，CWU_{green} 为作物所消耗的绿水资源量，m^3/hm^2；Y 为作物单位面积产量，kg/hm^2；ET_{nir} 为区域不灌溉情形下的单位面积蒸发蒸腾量，m^3/hm^2，该数据可由 SWAT 模型模拟计算获取。

4.3 农业蓝水足迹量化方法

农业蓝水足迹是农业生产过程消耗的蓝水资源量（m^3）。作物生产蓝水足迹是生产单位作物经济产量所消耗的蓝水资源量（m^3/kg），其计算方法根据作物生产过程中水量计算依据可分为基于作物耗水量的方法和基于作物用水量的方法。而根据计算尺度大小的不同，一般可分为田间尺度和区域尺度。下面将简要论述基于田间作物蒸发蒸腾量（方法 1）、基于区域耗水量（方法 2）、基于区域用水量（方法 3）和基于水文模型（方法 4）的作物生产蓝水足迹计算方法。

（1）基于田间作物蒸发蒸腾量的作物生产蓝水足迹计算方法

田间尺度的作物生产蓝水足迹只包含田间消耗的蓝水资源，即灌溉水产生的蒸发蒸腾。在田间尺度，该方法是基于田间作物蒸发蒸腾量与作物单位面积产量进行计算，可以参照 *The Water Footprint Assessment Manual: Setting the Global Standard*（Hoekstra et al.，2012）中的方法进行量化，主要计算过程如下（标记为方法 1，下同）：

$$WF_{blue} = \frac{CWU_{blue}}{Y} = \frac{10ET_{blue}}{Y} \tag{4-7}$$

$$ET_{blue} = \max(0, ET_c - P_e) \tag{4-8}$$

$$ET_c = K_c \times ET_0 \tag{4-9}$$

$$P_{e(dec)} = \begin{cases} \dfrac{P_{dec} \times (125 - 0.6 \times P_{dec})}{125} & P_{dec} \leqslant \dfrac{250}{3}\text{mm} \\ \dfrac{125}{3} + 0.1 \times P_{dec} & P_{dec} > \dfrac{250}{3}\text{mm} \end{cases} \tag{4-10}$$

式中，CWU_{blue} 为作物所消耗的蓝水资源量，m^3/hm^2；Y 为作物单位面积产量，kg/hm^2；10 为单位转化系数，由单位水深（mm）转化为单位面积水量（m^3/hm^2）；ET_{blue} 为作物蒸发蒸腾量中来自灌溉水的部分，mm；ET_c 为作物蒸发蒸腾量，mm；

P_e为作物生育期有效降水量，mm，该方法由美国农业部土壤保持局（USDA SCS）提出（Doll and Siebert，2002）。

（2）基于区域耗水量的作物生产蓝水足迹计算方法

在区域尺度，基于耗水量的作物生产蓝水足迹计算方法的计算过程（方法 2）如下所述。

首先，利用水量平衡方程确定区域/灌区种植业所消耗的灌溉水总量，然后根据各种作物的播种面积和灌溉定额确定各种作物蓝水消耗量（包括作物田间蓝水消耗、输配水及灌水过程中的蓝水消耗量），进而得到作物生产蓝水足迹：

$$\begin{cases} WF_{\text{crop}} = WF_{\text{green}} + WF_{\text{blue}} = \dfrac{W_{\text{green}}}{Y} + \dfrac{W_{\text{blue}}}{Y} \\ W_{\text{green}} = 10\min(ET_{\text{c}}, P_{\text{e}}) \\ W_{\text{blue}} = IRC \end{cases} \tag{4-11}$$

式中，WF_{crop}为作物单位经济产量所消耗的绿水和蓝水资源量，m^3/kg；W_{green}为作物单位面积消耗的绿水资源量，m^3/hm^2；W_{blue}为作物单位面积消耗的蓝水资源量，m^3/hm^2；IRC 为区域尺度作物单位面积消耗的灌溉水量，m^3/hm^2，其余变量含义与上同，P_e利用公式（4-10）进行计算。

作物单位面积蓝水消耗量 IRC_i 可以利用作物 i 蓝水资源消耗量占种植业蓝水消耗总量的比例进行推求：

$$IRC_i = \frac{W_{\text{A}}\alpha_i}{A_i} \tag{4-12}$$

式中，W_{A}为区域种植业蓝水资源消耗总量，m^3；α_i为作物 i 蓝水消耗量占区域蓝水消耗总量的比例；A_i为作物 i 的播种面积，hm^2。

α_i的计算方法为

$$\alpha_i = \frac{I_Q^i \times A_i}{\sum_{i=1}^{n}\left[I_Q^i \times A_i\right]} \tag{4-13}$$

式中，I_Q^i为区域作物 i 的灌溉定额，m^3/hm^2；A_i为作物 i 的播种面积，hm^2。当缺乏作物灌溉定额数据时，α_i可以按式（4-14）计算：

$$\alpha_i = \frac{(ET_{\text{c}}^i - P_{\text{e}}^i) \times A_i}{\sum_{i=1}^{n}\left[(ET_{\text{c}}^i - P_{\text{e}}^i) \times A_i\right]} \tag{4-14}$$

式中，ET_{c}^i为作物 i 生育期的蒸发蒸腾量，mm；P_{e}^i为作物 i 生育期的有效降水量，mm；当作物生育期有效降水量大于作物需水量时，α_i为零。

区域种植业蓝水消耗量 W_A 利用水量平衡法进行量化，具体过程为

$$W_{\text{Inflow}} = W_{\text{Depletion}} + W_{\text{Outflow}} + \Delta W \tag{4.15}$$

式中，W_{Inflow} 为进入区域的水资源量，m^3；$W_{\text{Depletion}}$ 为区域耗水量，m^3；W_{Outflow} 为流出区域的水资源量，m^3；ΔW 为区域内部蓄水的变化量，m^3，上述指标的构成要素为（Sun et al.，2016）

$$\begin{cases} W_{\text{Inflow}} = W_P + W_S + W_G \\ W_{\text{Depletion}} = W_A + W_I + W_L + W_E \\ W_{\text{Outflow}} = Q_S + Q_G \end{cases} \tag{4-16}$$

式中，W_P 为区域降水量，m^3；W_S 为进入区域的地表水资源量，m^3；W_G 为进入区域的地下水资源量，m^3；W_I 为工业生产耗水量，m^3；W_L 为城乡生活耗水量，m^3；W_E 为生态环境耗水量，m^3；Q_S 为流出区域的地表水资源量，m^3；Q_G 为流出区域的地下水资源量，m^3。

种植业消耗的蓝水资源量为

$$W_A = W_P + W_S + W_G - Q_S - Q_G - W_{Pe} - W_I - W_L - W_E - \Delta W \tag{4-17}$$

式中，W_{Pe} 为种植业消耗的有效降水量，m^3；当区域畜牧业耗水量较大时，种植业耗水量 W_A 还需减去畜牧业耗水量（一般根据牲畜种类采用定额法计算）。

（3）基于区域用水量的作物生产蓝水足迹计算方法

基于区域用水量的计算方法（方法 3）是将灌溉水在输配水过程中的损失量和田间深层渗漏量纳入作物生产水足迹的构成要素。首先确定作物田间蓝水利用量，然后根据灌区田间水利用系数及各级渠系的水利用系数确定灌溉水损失量，最后得到蓝水利用总量（田间灌溉用水量与灌溉水损失量总和），具体计算过程为

$$\begin{cases} WF_{\text{blue}} = \dfrac{WF_{\text{blue}}^f + WF_{\text{blue}}^l}{Y} \\ WF_{\text{green}} = \dfrac{10P_e}{Y} \end{cases} \tag{4-18}$$

式中，WF_{blue}^f 为作物田间尺度的蓝水（灌溉水）消耗量，m^3/hm^2；WF_{blue}^l 为使 WF_{blue}^f 这部分灌溉水到达田间并被作物利用，灌溉水在输配水及田间灌水过程中的损失量，m^3/hm^2。

WF_{blue}^f 计算式为

$$WF_{\text{blue}}^f = IR_N^i \tag{4-19}$$

式中，IR_N^i 为作物 i 的净灌溉定额，m^3/hm^2。

当缺乏 IR_N^i 数据时，WF_{blue}^f 可用式（4-20）进行计算：

$$WF_{\text{blue}}^f = 10(ET_{\text{a}}^i - P_{\text{e}}^i) \tag{4-20}$$

式中，10 为单位转化系数，由单位水深（mm）转化为单位面积水量（m^3/hm^2）；ET_{a}^i 为作物 i 的实际蒸发蒸腾量，mm；P_{e}^i 为作物 i 生育期的有效降水量，mm。

灌溉水在输配水及田间灌溉过程中的损失量 WF_{bluc}^l 可按式（4-21）计算：

$$WF_{\text{blue}}^l = I_f^l + I_c^l \tag{4-21}$$

式中，I_f^l 为灌溉水在田间灌水过程中的损失量，m^3；I_c^l 为灌溉水在输、配水过程中的损失量，m^3。

I_f^l 和 I_c^l 可按式（4-22）计算（郭元裕，1997）：

$$\begin{cases} I_f^l = \dfrac{WF_{\text{blue}}^f}{\eta_f} - WF_{\text{blue}}^f \\ I_c^l = \dfrac{WF_{\text{blue}}^f}{\eta} - \dfrac{WF_{\text{blue}}^f}{\eta_f} \end{cases} \tag{4-22}$$

式中，η_f 为田间水利用系数，无量纲；η 为灌溉水利用系数，无量纲。

（4）基于水文模型的作物生产蓝水足迹计算方法

以分布式水文模型 SWAT（Soil and Water Assessment Tool）为例，概述基于水文模型（方法 4）的计算过程：先构建研究区的 SWAT 模型，分析区域的水文循环过程，设置不同的作物用水情景运行模型（情景 1 为作物灌溉，情景 2 为作物不灌溉），然后以此为基础并依据前述的区域作物生产水足迹概念，分析作物生长过程中在渠系水分运输和田间作物生长等空间位置的水分消耗，以及作物种植前、作物生育期及作物收获后等不同时期的水分消耗，确定计算的空间范围和时间范围；然后分析 SWAT 模型输出的模拟结果，利用模型输出结果中的参数直接计算田间灌溉水消耗、田间排水量及灌溉水渠系损失量（通过田间总灌溉量和渠系水利用系数计算）；最后利用上述 3 种水分消耗量并结合作物产量，计算获得区域作物生产蓝水足迹。图 4-5 是区域水足迹的计算流程，具体计算过程为

$$\begin{cases} WF = WF_{\text{green}} + WF_{\text{blue}} = \dfrac{CWU_{\text{green}}}{Y} + \dfrac{CWU_{\text{blue}}}{Y} \\ CWU_{\text{green}} = Q_p \\ CWU_{\text{blue}} = Q_i + Q_c + Q_d \end{cases} \tag{4-23}$$

$$Q_p = ET_{s2} \tag{4-24}$$

$$Q_i = ET_{s1} - Q_p = \frac{\sum(ET_{s1} \times AREA)}{\sum AREA} - Q_p \tag{4-25}$$

$$Q_c = I_t - I_i = \frac{I_i}{k} - I_i \tag{4-26}$$

$$I_i = \sum(IRR \times AREA) \tag{4-27}$$

$$Q_d = \frac{\sum(WYLD \times AREA)}{\sum AREA} \tag{4-28}$$

式中，WF 为作物生产水足迹，m^3/kg；WF_{green} 为作物生产绿水足迹，m^3/kg；WF_{blue} 为作物生产蓝水足迹，m^3/kg；CWU_{green} 为作物绿水消耗量，m^3/hm^2；CWU_{blue} 为作物蓝水消耗量，m^3/hm^2；Q_p 为作物消耗的降水量，m^3/hm^2；Q_i 为作物消耗灌溉水量，m^3/hm^2；Q_c 为渠系输水损失量，m^3/hm^2；Q_d 为排水量，m^3/hm^2；Y 为作物产量，kg/hm^2；I_t 为灌溉引水量，m^3/hm^2；I_i 为田间实际灌水量，m^3/hm^2；下列参数来源于 SWAT 模型，ET_{s1} 和 ET_{s2} 分别为情景 1（灌溉情景）和情境 2（不灌溉情景）各水文响应单元（Hydrologic Response Unit，HRU）的 ET，mm；$AREA$ 为各 HUR 的面积，hm^2；IRR 为各作物 HRU 的灌溉水量，mm；$WYLD$ 为各 HRU 的产水量（由 HRU 进入主河道的水量），mm。其中，ET、$AREA$、IRR 和 $WYLD$ 这些参数值均从 SWAT 模型模拟结果中获取。

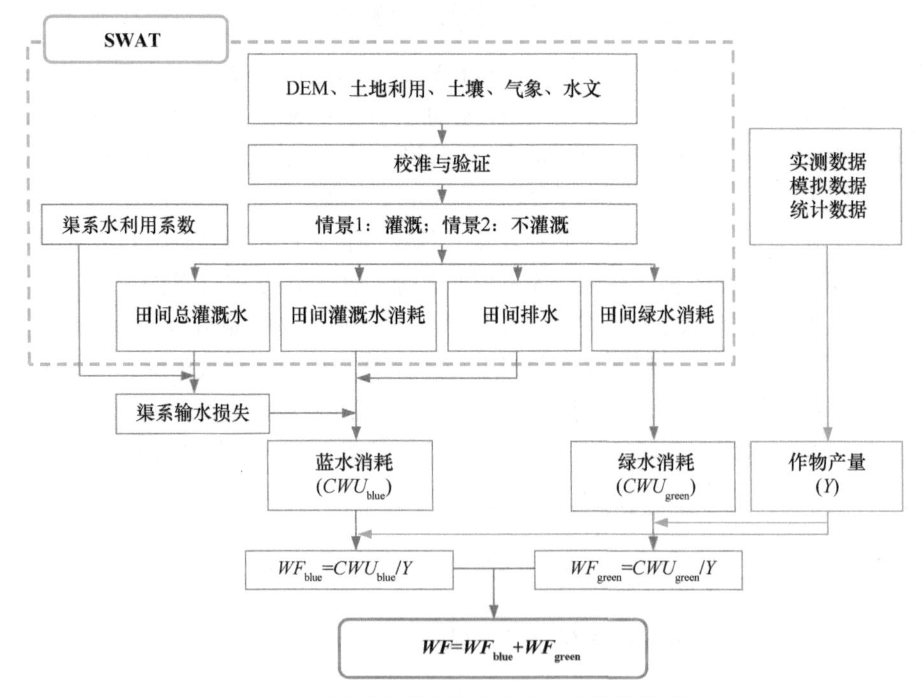

图 4-5　区域尺度作物生产水足迹计算流程

方法 1 仅考虑了田间作物耗水过程。方法 2 考虑了区域尺度的水资源消耗，主要包括农田作物蒸发蒸腾、渠系水面蒸发、渠系渗漏、裸地蒸发、农田排水进入河道后流出区域，以及降水/灌溉水中由于渗漏进入地下水，伴随地下径流流出区域外不能被该区域再次利用的水资源量。方法 3 则从工程和经济视角出发，将田间作物蒸发蒸腾量、灌溉水在渠系输配水及田间灌水过程中的损失纳入作物生产水足迹的构成要素。方法 4 基于水文模型，在方法 3 的基础上通过分布式水文模型，得到每个水文响应单元的水分消耗项，提高作物生产水足迹量化的时空分辨率。

当缺乏渠系量水设施，无法获得田间净灌溉水量或缺乏灌溉水利用数据时，可根据区域灌溉用水总量，结合各作物灌溉定额及播种面积推求该作物灌溉用水量占区域灌溉用水总量的比例，进而得到该作物的灌溉用水量，然后结合作物单位面积产量，对作物生产水足迹进行推求。

上述 4 种作物生产蓝水足迹的计算方法或尺度不同，或计算水量的依据不同，根据 4.1 节的分析，包含输配渠系的蒸发和渗漏损失、灌溉水的田间蒸发蒸腾、田间排水等，不同方法的适用性由其研究的目的和可获取的数据决定。同时也需要明确，这 4 种方法都存在进一步改进的地方，根据水足迹定义可知，方法 1 的作物耗水量计算范围小，仅限于田间，缺失作物生产过程中的一部分蓝水消耗量，同时方法的物理性不强，多为统计数据且采用经验公式计算；方法 2 虽扩大了作物耗水量的计算范围，但其计算方法是基于区域水量平衡，无法体现区域内部空间异质性造成的水足迹差异；方法 3 通过用水量来计算水足迹，同样其方法的物理性不足；方法 4 采用水文模型（SWAT 模型）计算用水量来量化水足迹，其方法的物理性增强，但该模型在一些平原区域（如灌区）的应用存在一些问题：①灌区一般地势起伏小，较为平坦，对其进行水系划分和汇水计算存在一定困难；②灌区存在灌溉渠系和排水沟渠，这些渠系会产生蒸发蒸腾和渗漏，同时渠系中的水流是间歇性的，如何模拟渠系的这些状态，SWAT 模型目前还没有很好的解决方案；③模型对地下水的模拟有待提高。模型对地下水划分和模拟较为简单，同时，渠系输水损失存在回归水再利用的情况，而 SWAT 模型难以模拟地下水的流动，需要结合更专业的地下水模型，以此才能更精细地刻画区域水文循环过程。地下水是蓝水的重要组成部分，上述 4 个方法均无法准确区分作物生产过程中对地下水的利用。

4.4　农业灰水足迹量化方法

灰水足迹是以自然本底浓度和现有环境水质标准为基准，将一定的污染物负荷吸收同化，使污染物浓度达到环境标准所需的水量。灰水并不是实际消耗的水分，而是用于表征污染严重程度的量。作物生产灰水足迹是生产单位作物所产生的污染物被稀释所需的淡水量。

目前研究中作物生产灰水足迹的计算一般采用 Hoekstra 等（2012）提出的方法（方法 1），其计算公式为

$$WF_{\text{proc,grey}} = \frac{(\alpha \times AR)/(c_{\max} - c_{\text{nat}})}{Y} \tag{4-29}$$

式中，$WF_{\text{proc,grey}}$ 为作物生产灰水足迹，m^3/kg 或 m^3/t；α 是淋溶率；AR 为单位面积施用的化肥或农药量，kg/hm^2；$c_{\max}$ 为水体允许的最大污染物浓度，mg/L 或 kg/m^3；c_{nat} 为自然本底浓度，mg/L 或 kg/m^3；Y 为作物单位面积产量，kg/hm^2 或 t/hm^2，上述参数在代入计算时需要进行单位转化，统一为相同的质量、体积或浓度单位。

在实际环境中，由于不同水体的自然本底浓度数据难以获取，因此研究中可以采用基于水文模型（SWAT 模型）的作物生产灰水足迹计算方法（方法 2）。即不考虑环境本底浓度，而对于水体允许的最大污染物浓度，采用研究区当地判断水体环境质量是否良好的浓度标准，即当地的某级环境水质标准。以污染物除以环境水质标准并结合作物产量来计算作物生产灰水足迹。对于已进入水体的污染物，超过标准则表示水体受污染，并以超过环境水质标准部分的污染物来计算灰水足迹。

图 4-6 是该方法中作物生产灰水足迹的计算流程图。首先是根据前述 SWAT 模型的输出结果计算田间排出的超过环境水质标准的污染物（氮、磷）质量，然后依据当地的环境水质标准，计算稀释这些污染物至当地水质标准需要的淡水量，再根据作物的产量，计算相应的作物生产灰水足迹。目前计算作物生产灰水足迹时，污染物的排放量依靠施用总量乘以淋溶率来计算，而淋溶率是一个经验值，

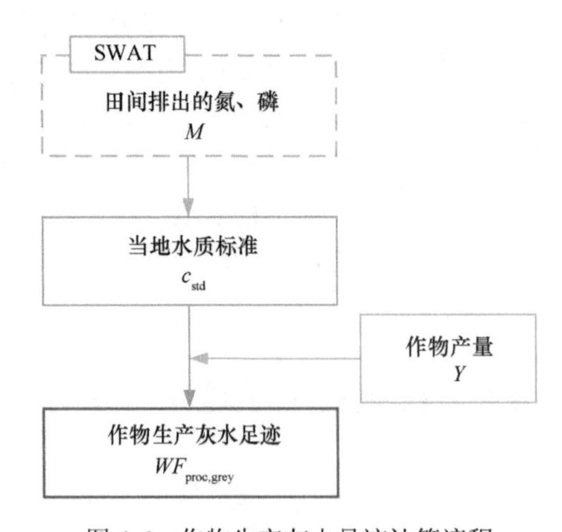

图 4-6　作物生产灰水足迹计算流程

受到土壤质地、地形地貌、降雨情况、灌溉情况和施肥情况等因素的制约，而该方法避免了上述制约，SWAT 模型通过污染负荷模块计算氮、磷的迁移和转化，因此，该方法的计算结果更为合理。该方法的计算公式为

$$WF_{\text{proc,grey}} = \frac{M/c_{\text{std}}}{Y} \tag{4-30}$$

式中，M 为单位面积污染物的数量，kg/hm^2，该数据从 SWAT 模型模拟结果中获得；c_{std} 是当地的环境水质标准，mg/L，其他指标意义与式（4-29）相同。

在这两种方法中，方法 2 虽然比方法 1 的机理性更强，计算结果更精确，但这两种方法具有不同的适用性。方法 1 较为简单，适合于数据缺乏（只有当地的化肥使用量等数据的情形），结合当地的化肥淋溶率，能够快速计算区域大致的作物生产灰水足迹，且其计算结果的分辨率较低，只能是一个行政区域（县区）或流域有一个水足迹值，不能反映区域内部的水足迹变化情况。方法 2 则适用于数据比较全面、充分（土壤、地形、水文、气候和管理等数据），需要较高空间分辨率的研究或对当地施用化肥农药政策进行指导的区域，该方法精度较高，且能反映区域内部的作物生产灰水足迹的变化情况。

在方法 2 中，SWAT 模型充分考虑了土壤、地形地貌、降水、灌溉、作物种植等因素对化肥或农药在田间流失的影响，机理性较强。该方法提高了作物生产灰水足迹的空间分辨率。SWAT 模型将灌区依据地形和水系划分为不同的子流域，这些子流域的面积大小不一，但均远小于县级行政区的面积，这样有利于更细致地刻画灌区内部污染物的排放情况，分析污染的严重程度，展示作物生产灰水足迹在区域内的分布情况，确定作物生产灰水足迹的热点地区，以便提出针对性的措施来降低其灰水足迹。方法 2 没有采用自然本底浓度，而是直接采用环境水质标准作为水体最大容纳污染的浓度，有利于不同区域之间的计算结果进行比较。由于不同地区的自然本底浓度不同，在相同排污量的情形下，两者的灰水足迹可能相差甚远。

目前，作物生产灰水足迹计算方法的研究中依然存在一些待解决的问题，不利于不同研究之间的比较。首先是污染物的确定。农业生产中，污染物一般主要有化肥、农药等，也有一些特殊的如盐碱地的矿物质和排污口附近的各种工矿业的污染物等，这些污染物多种多样，因此，在计算灰水足迹前，首先需要确定污染物种类，不同污染物的灰水足迹结果不具可比性。其次是水质标准，各地确定污染的水质标准可能不同，同时河流、湖泊和地下水的水质标准也不同，这会导致在不同区域同样质量的污染物可能计算的灰水足迹结果相差较大。这两方面的问题目前在作物生产灰水足迹研究中亟待解决。

4.5 区域虚拟水流动计算与评价方法

4.5.1 虚拟水流动量计算方法

在分析虚拟水流动量时，作物虚拟水含量均应采用生产地区数值，考虑到一个灌区/区域贸易对象无法确定，我们假定其进口作物的虚拟水含量与灌区/区域当地生产作物虚拟水含量相同。这在一定程度上，能说明该地区作物进口较当地生产能节约的水资源量。

当计算尺度较大的时候，如国家尺度，虚拟水流动计算所需要的另外一个参数——贸易量，可以根据现有数据库直接获得（或直接推求获得）。联合国提供的商品贸易统计数据库（COMTRADE）覆盖了超过 90%的全球贸易，涉及的国家达到 243 个，作物种类达到 285 种，最重要的是该数据库不仅包含了各国不同产品的进出口数量，也列明了具体的贸易对象。而对于灌区/区域这样较小的尺度，其作物调入和调出量并没有直接的统计数据，而且对其贸易对象也没有相关统计资料。因此，我们采用盈亏理论来推求各作物在研究时段内的贸易量。

根据联合国粮食及农业组织的食物平衡表，某一地区的某种作物在特定年份的调运量是其产量、消费量和存储量变化值的函数。分析灌区/区域整体作物贸易情况，我们假定各作物研究时段内其存储量保持不变，作物调运量仅由产量和消费量决定。同时考虑数据可获取性，我们假定灌区/区域发生贸易的作物种类为灌区/区域现有作物种类。各作物的调运量计算式为（Liu et al.，2014）

$$\text{如果 } P_i \geqslant C_i \qquad \text{则 } \begin{cases} E_i = P_i - C_i \\ I_i = 0 \end{cases} \tag{4-31}$$

$$\text{如果 } P_i < C_i \qquad \text{则 } \begin{cases} E_i = 0 \\ I_i = C_i - P_i \end{cases} \tag{4-32}$$

式中，P_i为作物 i 的产量，kg；C_i为作物 i 的消费量，kg；E_i为作物 i 的输出量，kg；I_i为作物 i 的输入量，kg。

虚拟水流动产生的水资源节约量及虚拟水流动的节水效率分析均需要明晰产品调入与调出区域。以一个闭合区域内部不同分区作物调运量计算为例，介绍基于盈亏理论的计算方法。假定作物仅由盈余区调运至亏缺区，各地区的作物调运量与盈余量或亏缺量成正比。假设有 α 个地区存在作物 i 盈余（生产量大于消费量），有 β 个地区存在作物 i 亏缺（生产量小于消费量），则各地区的作物调运量计算公式为

$$
\text{如果}\begin{cases}\sum_{m=1}^{\alpha}(P_{mi}-C_{mi})\geqslant\sum_{n=1}^{\beta}(C_{ni}-P_{ni})\\ \alpha\neq 0\\ \beta\neq 0\end{cases}
$$

$$
\text{则}\begin{cases}E_{mi}=\sum_{n=1}^{\beta}(C_{ni}-P_{ni})\times\dfrac{P_{mi}-C_{mi}}{\sum_{m=1}^{\alpha}(P_{mi}-C_{mi})}\\ I_{ni}=C_{ni}-P_{ni}\end{cases} \tag{4-33}
$$

$$
\text{如果}\begin{cases}\sum_{m=1}^{\alpha}(P_{mi}-C_{mi})<\sum_{n=1}^{\beta}(C_{ni}-P_{ni})\\ \alpha\neq 0\\ \beta\neq 0\end{cases}
$$

$$
\text{则}\begin{cases}E_{mi}=P_{mi}-C_{mi}\\ I_{ni}=\sum_{m=1}^{\alpha}(P_{mi}-C_{mi})\times\dfrac{C_{ni}-P_{ni}}{\sum_{n=1}^{\beta}(C_{ni}-P_{ni})}\end{cases} \tag{4-34}
$$

如果　$\alpha=0$　或　$\beta=0$

$$
\text{则}\begin{cases}E_{mi}=0\\ I_{ni}=0\end{cases}
$$

式中，P_{mi} 为第 m 个盈余区作物 i 的产量，kg；C_{mi} 为第 m 个盈余区作物 i 的消费量，kg；C_{ni} 为第 n 个亏缺区作物 i 的消费量，kg；P_{ni} 为第 n 个亏缺区作物 i 的产量，kg；E_{mi} 为第 m 个盈余区作物 i 的调出量，kg；I_{ni} 为第 n 个亏缺区作物 i 的调入量，kg。

4.5.2　虚拟水贸易节水量及对水资源压力影响评价方法

虚拟水流出对流出区而言意味着水资源“损失”，即大量的水资源嵌入在产品中流向其他区域；而虚拟水流入对流入区意味着水资源“节约”，即区域不必消耗内部水资源来生产这些产品。因此，虚拟水流动直接影响区域水资源使用量，进而对区域水资源压力产生影响。虚拟水流动对区域水资源压力的贡献率的计算公式为

$$
CRE_i=\frac{VWE_i}{WW}\times 100\% \tag{4-35}
$$

$$CRI_i = \frac{VWI_i}{WW} \times 100\% \tag{4-36}$$

$$CRNE_i = \frac{NVWE_i}{WW} \times 100\% \tag{4-37}$$

式中，CRE_i、CRI_i及$CRNE_i$分别为作物i的虚拟水流出、虚拟水流入及净虚拟水流出对区域水资源压力的贡献率，%；VWE_i、VWI_i及$NVWE_i$分别为作物i的虚拟水流出、虚拟水流入及净虚拟水流出，m^3；WW为区域可利用水资源量，m^3。

虚拟水流动对水资源有重要影响（图 4-7），对由水资源生产效率不同地区构成的贸易（或虚拟水流动系统）而言，如果产品从水资源生产效率较高地区调运至水资源生产效率较低地区，意味着出口地区生产这些贸易产品所消耗的水资源量要小于进口地区生产这些产品所消耗的水资源量，那么就会在全局尺度产生水资源节约效应，反之则会产生全局尺度的水资源损失。区域内部虚拟水流动引起的水资源节约量的分析能反映现有虚拟水流动模式下，整个区域是否实现了相对合理的水资源优化配置，即整体提高了水资源利用效率。

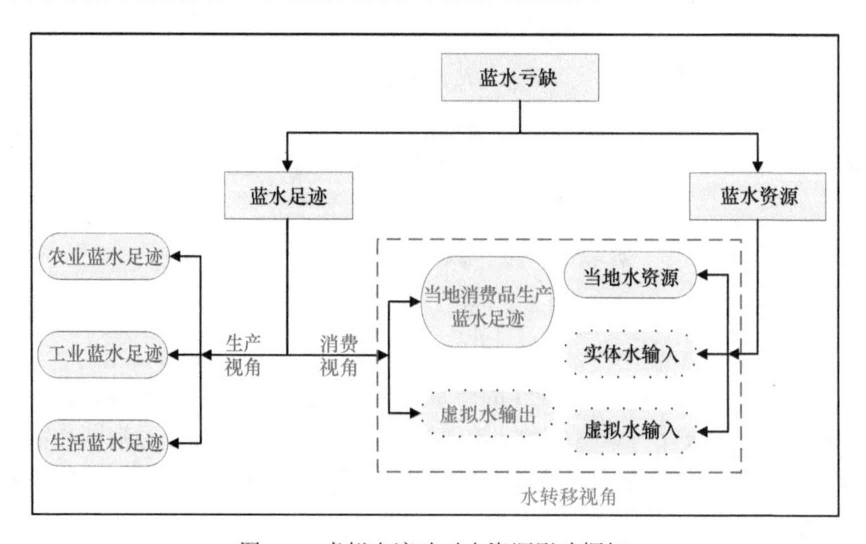

图 4-7　虚拟水流动对水资源影响框架

假设作物i在各区域间共存在k次贸易，则全局尺度水资源节约量的计算公式为（Chapagain et al.，2006）

$$S_i = \sum_{h=1}^{k} T_{h,i} \times (VWCI_{h,i} - VWCE_{h,i}) \tag{4-38}$$

式中，S_i为全局尺度作物i共k次贸易行为产生的水资源节约量，m^3，如果S_i为负值，则代表产生了水资源损失；$T_{h,i}$为作物i第h次贸易行为的贸易量（kg）；$VWCI_{h,i}$为作物i第h次贸易行为在调入地区的虚拟水含量（m^3/kg）；$VWCE_{h,i}$为

作物 i 第 h 次贸易行为在调出地区的虚拟水含量（m^3/kg）。

在明晰区域虚拟水流动产生的水资源节约基础之上，进一步量化了虚拟水流动的节水效率，以阐述虚拟水流动缓解区域水资源压力的效用。虚拟水流动节水效率的计算公式为

$$WSE_i = \frac{S_i}{VWF_i} \times 100\% \tag{4-39}$$

式中，WSE_i 为全局尺度作物 i 贸易产生虚拟水流动的节水效率，%；VWF_i 为全局尺度作物 i 贸易产生的虚拟水流动量，m^3。

区域蓝水资源压力指数采用式（4-40）进行计算（Liu et al.，2017）

$$BWS = \frac{BWF}{BWR} \tag{4-40}$$

式中，BWF 为蓝水足迹，m^3；BWR 为区域蓝水资源，包含 3 种类型的水资源：当地水资源、实体水进口、虚拟水进口。区域蓝水资源压力指数根据联合国经济与社会理事会（ECOSOC）（1997）进行分类，见表 4-1。

表 4-1　蓝水资源压力指数分类

水资源压力类别	蓝水资源压力指数数值
低水资源压力	$<0.1\alpha$
低至中水资源压力	$0.1\alpha \sim 0.2\alpha$
中至高水资源压力	$0.2\alpha \sim 0.4\alpha$
高水资源压力	$>0.4\alpha$

注：α 为耗水系数

从生产角度，区域水资源压力可由农业、工业或生活用水引起，各部分水资源压力指数根据式（4-41）~式（4-43）计算：

$$BWS_a = \frac{BWF_a}{BWR} \tag{4-41}$$

$$BWS_i = \frac{BWF_i}{BWR} \tag{4-42}$$

$$BWS_d = \frac{BWF_d}{BWR} \tag{4-43}$$

式中，BWS_a、BWS_i 和 BWS_d 分别为农业、工业和生活部门蓝水资源压力指数，无量纲；BWF_a、BWF_i 和 BWF_d 分别为农业、工业和生活蓝水足迹，m^3。

从消费角度，区域水资源压力可由当地消费或其他地区的消费引起，与满足当地消费需求对应的蓝水资源压力指数（BWS_{loc}）及满足出口需求对应的蓝水资源压力指数（BWS_{exp}）计算方法为

$$BWS_{\mathrm{loc}} = \frac{BWF_{\mathrm{loc}}}{BWR} \tag{4-44}$$

$$BWS_{\mathrm{exp}} = \frac{VWE}{BWR} \tag{4-45}$$

式中，BWF_{loc} 为满足当地消费需求的蓝水足迹，m^3；VWE 为虚拟水出口量，m^3。

假定的蓝水资源压力指数（BWS_{hyp}）表明了如果所有消耗的水资源均用于生产当地居民消耗的产品，同时所消耗的水资源均来自当地对应的水资源压力。通过比较实际和假定的蓝水资源压力指数，水资源调运对水资源的影响即可以被量化：

$$BWS_{\mathrm{hyp}} = \frac{BWF_{\mathrm{loc}}}{LWR} \tag{4-46}$$

式中，LWR 为当地可利用水资源量，m^3。

参 考 文 献

郭元裕. 1997. 农田水力学. 第 3 版. 北京：中国水利水电出版社.

吴普特, 孙世坤, 王玉宝, 等. 2017. 作物生产水足迹量化方法与评价研究. 水利学报, 48: 651-669

汪志农. 2010. 灌溉排水工程学. 第 2 版. 北京：中国农业出版社.

Chapagain A K, Hoekstra A Y, Savenije H H G. 2006. Water saving through international trade of agricultural products. Hydrology and Earth System Sciences, 10(3): 455-468.

Doll P, Siebert S. 2002. Global modeling of irrigation water requirements. Water Resources Research, 38(4): 1037-1048.

ECOSOC (Economic and Social Council). 1997. Comprehensive assessment of the freshwater resources of the world. Report No. E/CN17/1997/9. Commission on sustainable development. Economic and Social Council, United Nations.

Hoekstra A Y, Chapagain K A, Aldaya M M, et al. 2012. 水足迹评价手册. 刘俊国, 曾昭, 赵乾斌, 等译. 北京：科学出版社.

Liu J, Wang Y B, Yu Z B, et al. 2017. A comprehensive analysis of blue water scarcity from the production, consumption, and water transfer perspectives. Ecological Indicators, 72: 870-880.

Liu J, Wu P T, Wang Y B, et al. 2014. Impacts of changing cropping pattern on virtual water flows related to crops transfer: a case study for the Hetao irrigation district, China. Journal of the Science of Food and Agriculture, 94(14): 2992-3000.

Sun S K, Liu J, Wu P T, et al. 2016. Comprehensive evaluation of water use in agricultural production: a case study in Hetao Irrigation District, China. Journal of Cleaner Production, 112: 4569-4575.

第5章　河套灌区农业水足迹与虚拟水流动时空演变

本章主要介绍灌区尺度农业水足迹与区域农业虚拟水流动解析应用案例。以内蒙古河套灌区为研究对象，运用前述理论与方法，对灌区1960~2010年主要农作物生产水足迹时空演变过程与特征进行系统分析，剖析产生演变与变化的原因及主要要素；在此基础上，进一步分析灌区研究时段内作物虚拟水流动过程与演变特征，以及产生变化的原因与主要影响因素，并对灌区内部作物生产区域虚拟水流动对灌区水质的影响进行分析。研究思路与方法可为灌区尺度基于作物生产水足迹的用水效率评价，以及基于作物虚拟水流动过程调控的农业水管理提供研究案例与参考，研究结果可为灌区的农业水管理、节水农业规划与发展提供科学依据。

5.1　河套灌区作物生产水足迹时空演变特征分析

作物生产水足迹作为农业用水效率评价指标，能够反映区域农业用水类型和用水效率。利用灌区尺度作物生产水足迹计算方法，量化并分析了河套灌区春小麦、玉米、向日葵等主要粮食、经济作物51年（1960~2010年）作物生产水足迹及其构成（蓝水、绿水）的时间演变过程和特征。

5.1.1　作物生产水足迹时间演变过程

河套灌区大多数作物生产水足迹在研究时段内都呈下降趋势（图5-1）。研究时段内，春小麦、玉米、杂粮及水稻等粮食作物生产水足迹均呈波动下降趋势，年线性下降速率分别为0.19m^3/kg、0.15m^3/kg、0.22m^3/kg和0.40m^3/kg，且M-K趋势检验结果显示，下降趋势均达到显著水平（$p<0.05$）。约在1995年之后，各作物生产水足迹下降速率趋缓。向日葵、甜菜和油料等经济作物生产水足迹均呈波动下降趋势，年线性下降速率分别为0.09m^3/kg、0.03m^3/kg和0.44m^3/kg，其中向日葵（含油葵）在20世纪80年代开始大量种植，且M-K趋势检验结果显示，各作物生产水足迹下降趋势均达到显著水平（$p<0.05$）。自1990年后，向日葵、甜菜和油料等作物生产水足迹下降速率趋缓。

由于受资料数据限制，河套灌区番茄（加工番茄）、蔬菜和瓜类研究时段较短，各作物生产水足迹年际变化趋势不明显，但呈现明显的波动。

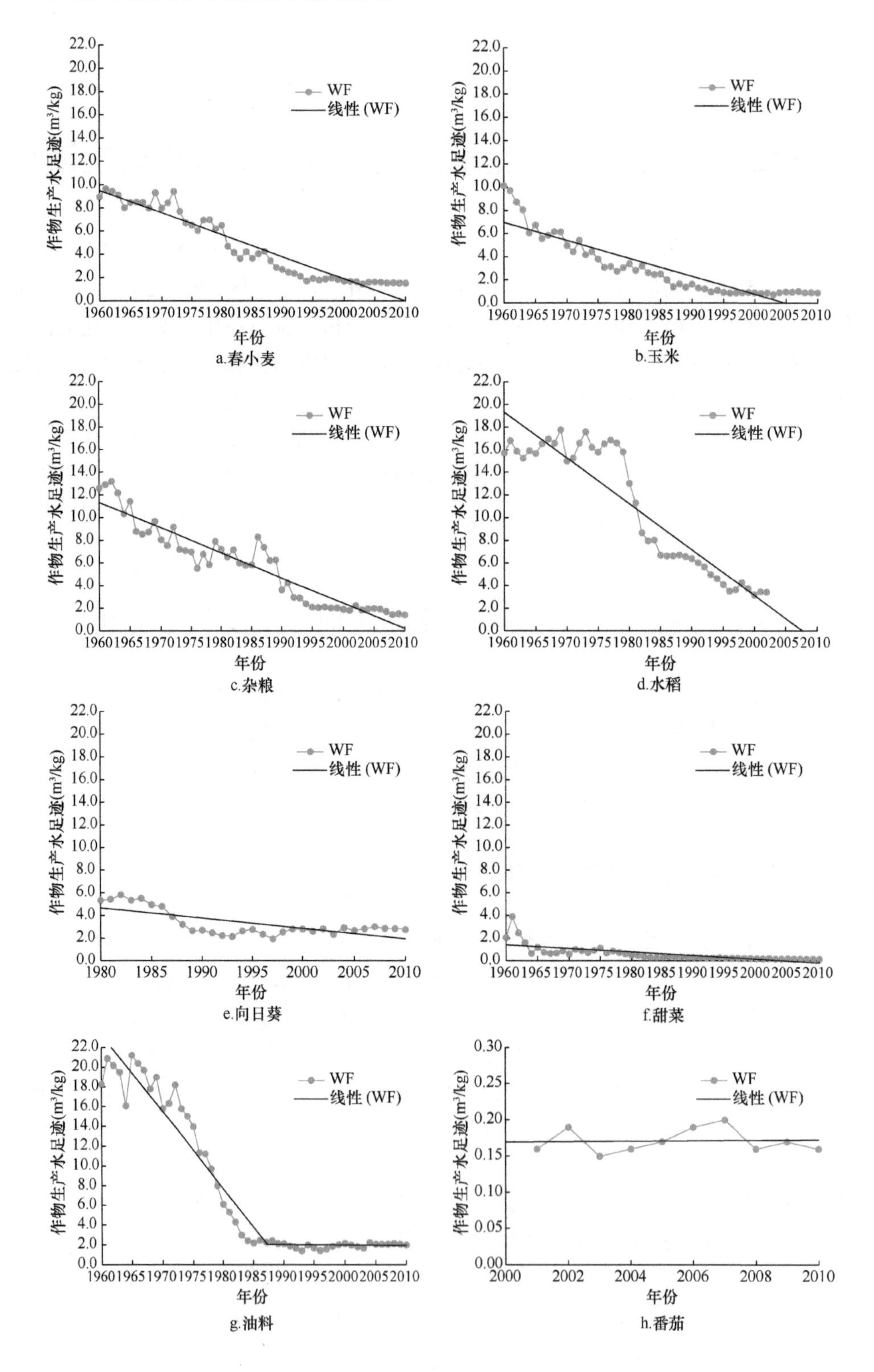

作物生产水足迹(m³/kg)
WF
线性 (WF)
年份
a.春小麦
b.玉米
c.杂粮
d.水稻
e.向日葵
f.甜菜
g.油料
h.番茄

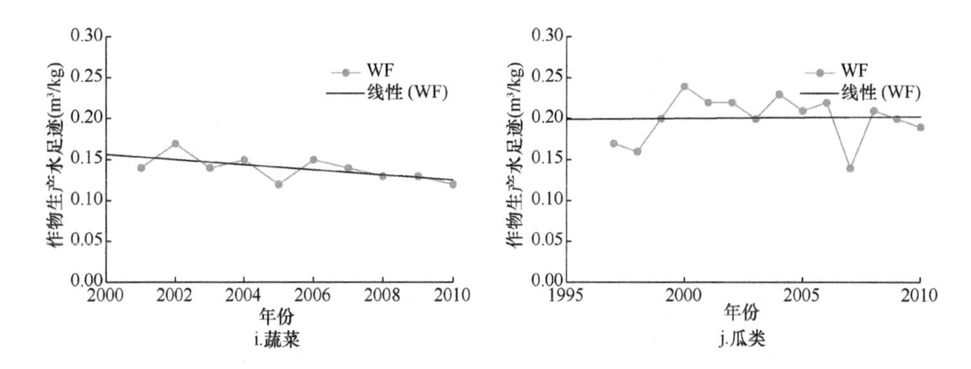

图 5-1　作物生产水足迹年际变化

由于受数据限制，瓜类的数据年限为 1997~2010 年，番茄、蔬菜的数据起止年限为 2001~2010 年，灌区统计数据将蔬菜与番茄单列，下同

5.1.2　作物生产蓝水足迹时间演变过程

在研究时段内，河套灌区 10 种作物生产蓝水足迹（BWF）的年际变化情况和作物生产水足迹相似，呈下降趋势（图 5-2）。

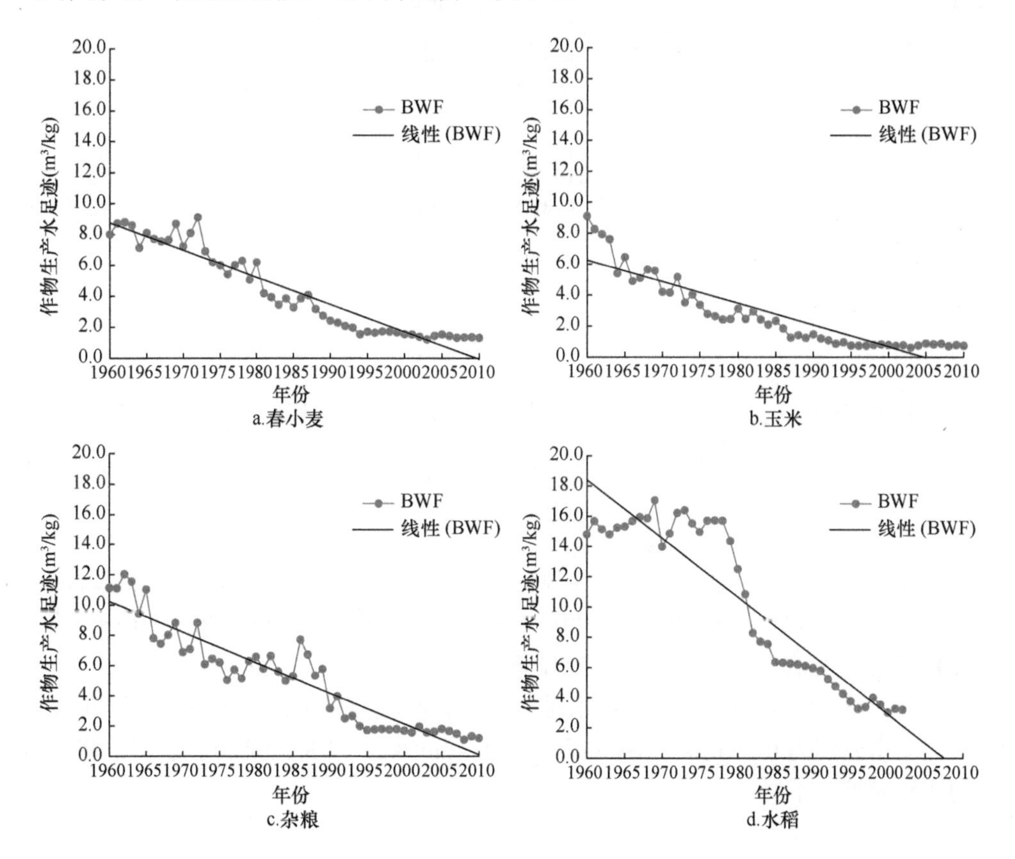

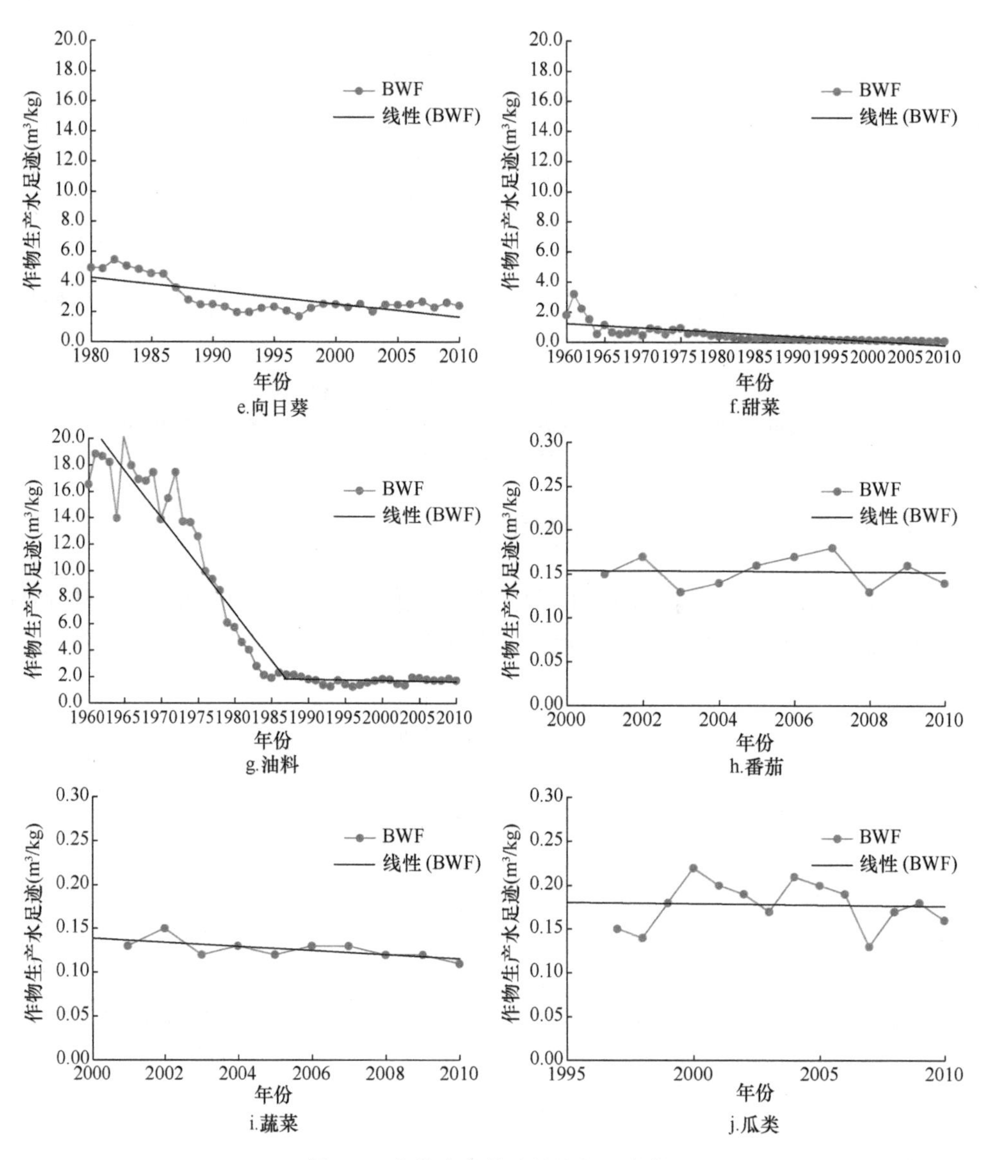

图 5-2　作物生产蓝水足迹年际变化

春小麦、玉米、杂粮和水稻等粮食作物生产蓝水足迹在研究时段内呈现波动下降趋势，年线性下降速率分别为 0.17m³/kg、0.14m³/kg、0.20m³/kg 和 0.38m³/kg，M-K 趋势检验表明下降趋势均达到显著水平。

向日葵、甜菜和油料生产蓝水足迹在研究时段内呈现波动下降趋势，年线性下降速率分别为 0.09m³/kg、0.03m³/kg 和 0.40m³/kg，M-K 趋势检验表明下降趋势均达到显著水平。

由于番茄、瓜类和蔬菜等作物数据年限短，研究时段内农业生产和灌溉水平都处于较为稳定的阶段，因此，这几种作物生产蓝水足迹没有表现出明显的时间演变趋势。

5.1.3　作物生产绿水足迹时间演变过程

河套灌区 10 种作物生产绿水足迹（GWF）的年际变化在研究时段内都呈下降趋势，但年际波动比作物生产水足迹和蓝水足迹明显（图 5-3）。

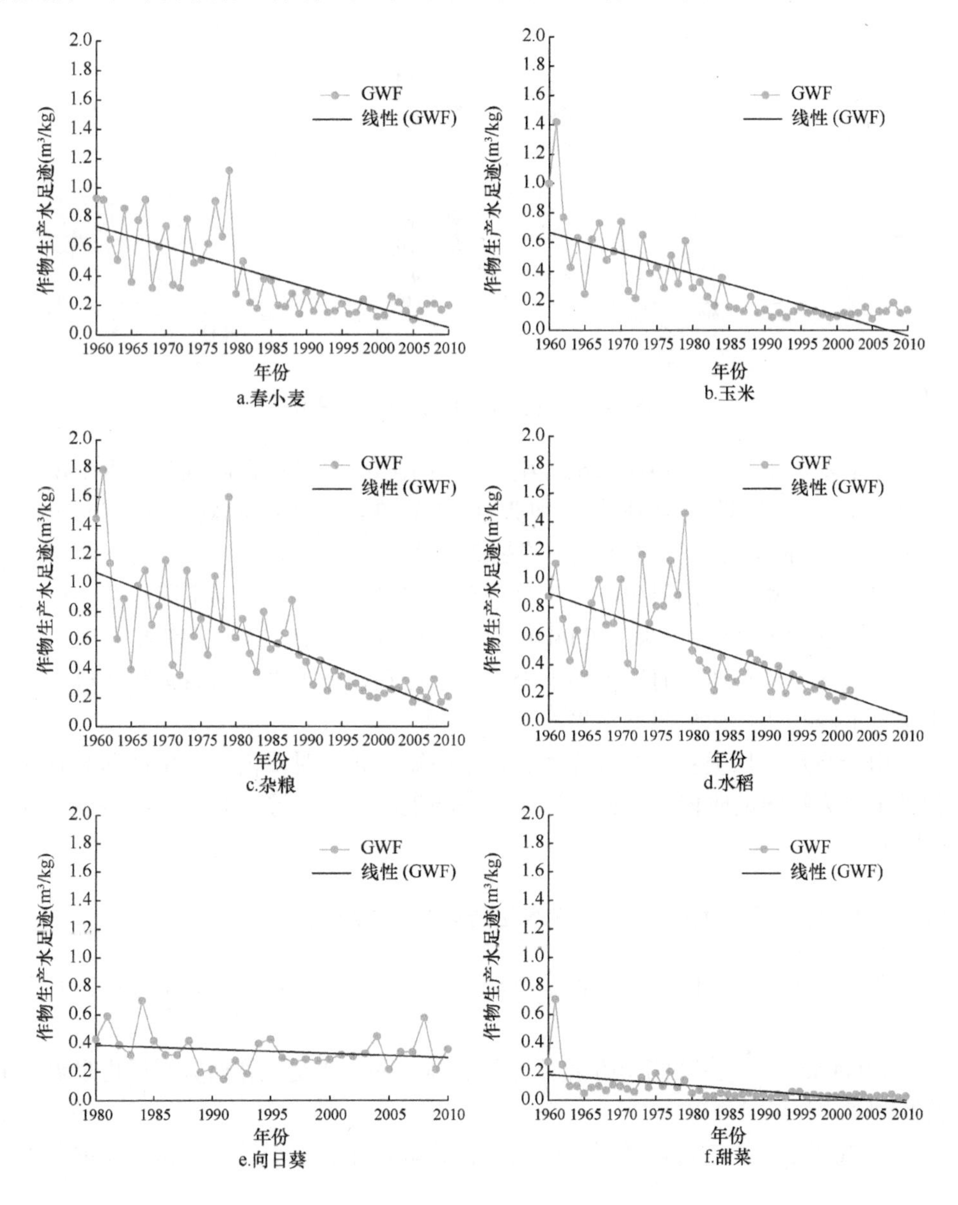

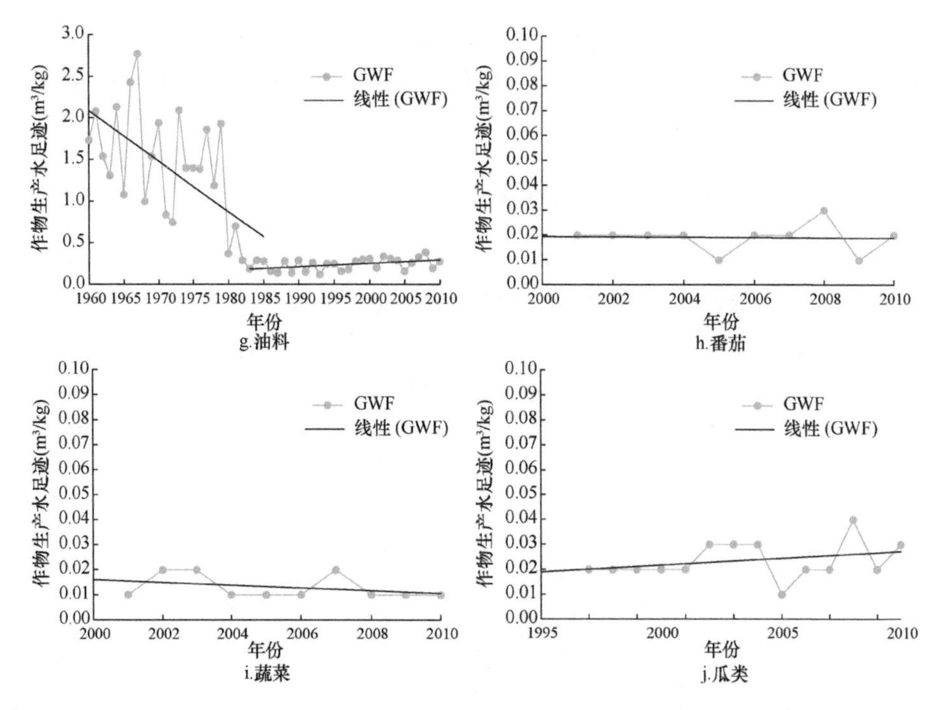

图 5-3 作物生产绿水足迹年际变化

春小麦、玉米、杂粮和水稻等粮食作物生产绿水足迹在研究时段内呈现波动下降趋势，年线性下降速率分别为 0.014m³/kg、0.013m³/kg、0.019m³/kg 和 0.017m³/kg，M-K 趋势检验表明下降趋势均达到显著水平。

向日葵、甜菜和油料生产绿水足迹在研究时段内呈现波动下降趋势，年线性下降速率分别为 0.003m³/kg、0.004m³/kg 和 0.040m³/kg，M-K 趋势检验表明向日葵生产绿水足迹在研究时段内的下降趋势未达到显著水平，而甜菜和油料生产绿水足迹下降趋势均达到显著水平。

由于番茄、瓜类和蔬菜等作物数据年限短，研究时段内农业生产和灌溉水平都处于较为稳定的阶段，因此，这几种作物生产绿水足迹没有表现出明显的时间演变趋势。

5.1.4 作物生产水足迹及蓝、绿水足迹时间演变特征

研究分析河套灌区主要作物生产水足迹及蓝、绿水足迹的演变过程，发现其具有以下特征。

1）河套灌区大多数作物生产水足迹、蓝水和绿水足迹在研究时段内呈显著下降趋势。

在 20 世纪 60 年代，灌区农业生产和灌溉条件的水平较低，作物单位面积产

量较低，水资源利用效率也较低，从而导致灌区作物生产水足迹、蓝水及绿水足迹均处于较高水平。随着灌区农业生产水平和水资源利用效率的提高，作物单位面积产量和水分利用效率也提高，从而促使作物生产水足迹、蓝水及绿水足迹的下降。M-K 趋势检验结果显示，灌区大多数作物生产水足迹、蓝水及绿水足迹在研究时段内的下降趋势都达到显著水平。

2）作物生产蓝水足迹下降趋势较作物生产绿水足迹显著。

河套灌区大多数作物生产蓝水足迹在研究时段内的时间演变过程呈现下降趋势。作物生产蓝水足迹由作物生产过程消耗的蓝水资源量和作物产量共同决定。随着灌区逐步提高农业生产水平和完善灌溉设施，灌区作物单位面积产量呈现出显著增加趋势，而蓝水消耗量在研究时段内呈现下降趋势。

对比各作物生产蓝水足迹与绿水足迹的演变过程及 M-K 趋势检验值可以发现，作物生产蓝水足迹下降趋势较作物生产绿水足迹显著。作物生产绿水足迹由作物生长过程中所消耗的绿水资源量和作物产量决定，灌区作物单位面积产量和降水量在研究时段内均呈上升趋势，降水增加会促使作物生育期消耗的有效降水增多，在一定程度上抵消了单产增加对作物生产绿水足迹下降的促进作用。因而，作物生产绿水足迹的下降趋势没有作物生产蓝水足迹显著。

3）作物生产绿水足迹所占比例较小，且年际波动性要大于作物生产水足迹和蓝水足迹。

从灌区作物生产水足迹的蓝、绿水构成来看，河套灌区降水量稀少，从而导致作物生产水足迹中绿水足迹比例较小，大多数作物生产绿水足迹占作物生产水足迹的比例低于 15%。由此可见，河套灌区作物生产主要依靠蓝水资源（灌溉水）。分析作物生产绿水足迹的时间演变过程发现，上述主要作物生产绿水足迹的时间演变过程与作物生产水足迹和蓝水足迹相类似，即都呈现为波动下降趋势，但绿水足迹的波动性更为明显。河套灌区年均降水量在研究时段内呈上升趋势（图 5-4），年线性增长速率为 0.49mm。河套灌区年降水量数据分析结果显示，灌区研究时段内的

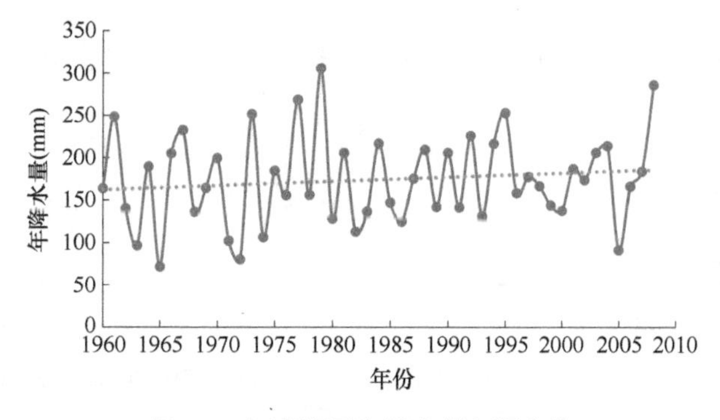

图 5-4　河套灌区年降水量年际变化

年降水量变异系数为 0.31，说明灌区年际间降水量波动较大。正是由于灌区降水量较大的年际波动，造成灌区作物生产绿水足迹的波动性要大于作物生产水足迹和蓝水足迹。

4）各作物之间作物生产水足迹差异较大，总体而言，粮食作物生产水足迹高于经济作物的生产水足迹。

对比不同作物的生产水足迹可以发现，春小麦、玉米、杂粮和水稻等粮食作物的生产水足迹较甜菜、瓜类、蔬菜等经济作物（除油料外）的生产水足迹要高，这说明不同作物间的水分生产力存在较为显著的差异。对比粮食和经济作物在同一时期的生产水足迹可以发现，河套灌区粮食作物生产水足迹一般较经济作物生产水足迹要高。对于西北内陆干旱区，若仅从水资源利用角度考虑，应该种植水分生产力较高（作物生产水足迹较低）的作物，但河套灌区作为全国三个特大型灌区之一，肩负着国家和内蒙古自治区的粮食生产任务，因此，需要保障灌区粮食作物的种植面积。就河套灌区而言，由于春小麦和玉米生产水足迹较水稻和杂粮要低，因此，河套灌区应优先种植春小麦和玉米这两类粮食作物。

5）作物单产增加和水资源利用效率提高是作物生产水足迹下降的主要原因，但二者在不同的阶段对作物生产水足迹下降的促进作用不同。

从灌区作物生产水足迹在研究时段内时间演变过程可以看出，灌区大多数作物生产水足迹在研究时段内呈下降趋势。作物生产水足迹由作物生产过程消耗的水资源量和单位面积产量共同决定。通过分析发现，各作物单位面积产量在研究时段内呈显著上升趋势，而水资源消耗量在研究时段内呈下降趋势。春小麦单位面积产量在研究时段内的变化可以分为三个阶段（图 5-5）：第一个阶段是 1960~1980 年的缓慢增长期；第二个阶段是 1981~1995 年的快速增长期；第三个阶段是 1995 年之后的平缓增长期。这说明灌区作物单位面积产量在经历了 20 世纪 80 年代和 90 年代的快速增长期之后，单产水平已达到较高水平，因此，进一步提高的潜力较小。

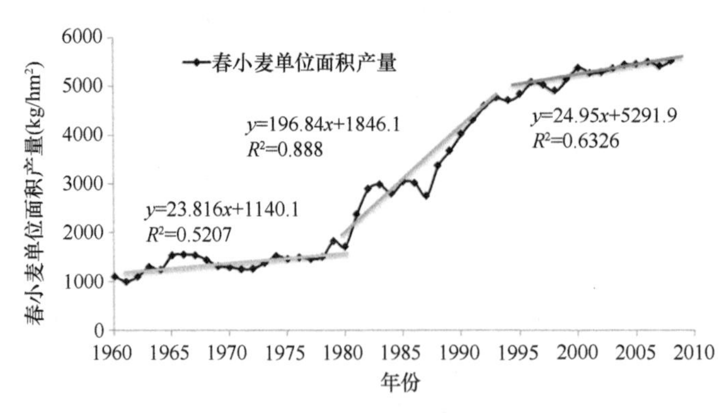

图 5-5　春小麦单位面积产量年际变化

春小麦单位面积水资源消耗量（包括灌溉水在渠系输配水及田间灌水过程中的损失量）在研究时段内的变化情况可以划分为两个阶段（图 5-6）：第一个阶段是 1960~1985 年的波动下降期；第二个阶段是 1990 年之后的快速下降期。从 20 世纪 80 年代末至今，随着灌区灌排配套和田间配套工程建设及 1998 年之后河套灌区续建配套与节水改造工程建设，灌区水资源利用效率得到较大提升，促进了作物生产水足迹的下降。

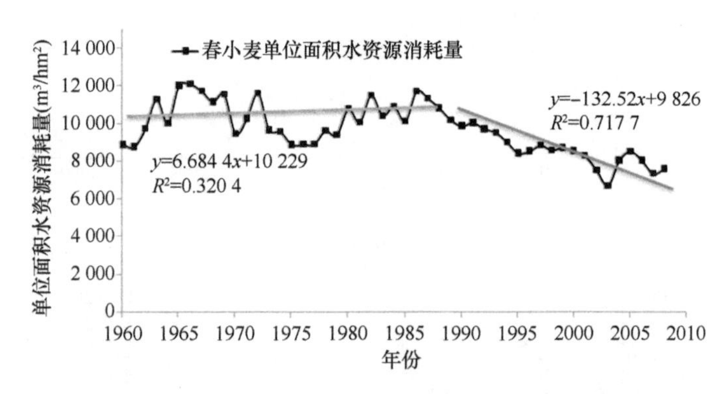

图 5-6　春小麦单位面积水资源消耗量年际变化

通过对比春小麦单位面积产量和水资源消耗量在研究时段内的变化趋势，可以得到灌区作物生产水足迹的另外一个变化特征，即在 20 世纪 90 年代以前，灌区作物生产水足迹的下降主要是在作物单位面积产量提高的驱动下实现的，而在 20 世纪 90 年代之后，作物单位面积产量的增速趋于平缓，单位面积水资源消耗量呈现出显著下降趋势。因此，20 世纪 90 年代之后，作物生产水足迹的下降主要是在水资源利用效率提高的驱动下实现的。

同时，作物生产水足迹的这个演变特征也说明，就河套灌区而言，由于作物单位面积产量进一步增加的潜力有限，因此作物生产水足迹调控的重点和发展方向是提高农业用水利用率和利用效率，降低作物生产的水资源消耗量。

5.1.5　作物生产水足迹时空演变过程

以河套灌区主要作物为分析序列，分别研究了主要作物的生产水足迹在各年代的各旗（县、区）的值及年代间的变化情况。图 5-7~图 5-9 列出了灌区春小麦、玉米和向日葵 3 种主要作物生产水足迹在各年代的变化情况。结果显示：各旗（县、区）的各作物生产水足迹的差异较为明显，灌区中部的临河区作物生产水足迹较低，而位于西部的磴口县作物生产水足迹较高。

春小麦生产水足迹的低值区集中在杭锦后旗和临河区等区域，而高值区分布在磴口县和乌拉特前旗（图 5-7）。例如，1960s（为简便起见，1960s 表示

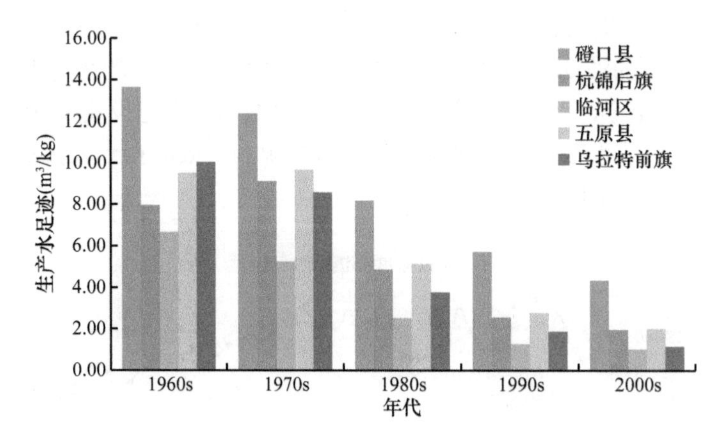

图 5-7 春小麦生产水足迹时间演变

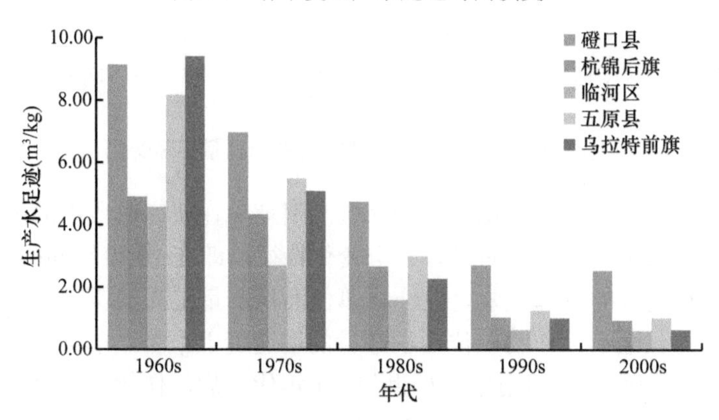

图 5-8 玉米生产水足迹时间演变

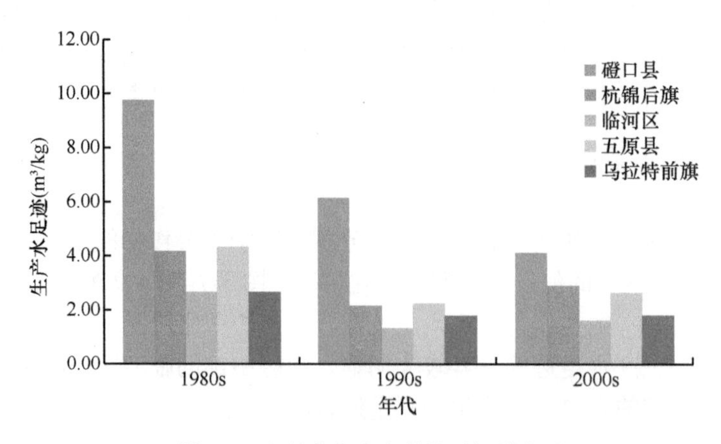

图 5-9 向日葵生产水足迹时间演变

20 世纪 60 年代，此类表达同）临河区的春小麦生产水足迹为全灌区最低，其值为 6.68m^3/kg，其后由低到高依次为杭锦后旗 7.98m^3/kg、五原县 9.53m^3/kg、乌拉特前旗 10.06m^3/kg 和磴口县 13.66m^3/kg；这种分布特征延续到 1970s，但由于河套灌区春小麦产量水平和用水效率的提高，灌区 5 个旗（县、区）的春小麦生产水足迹出现不同程度的下降，平均降幅达 5.78%，其中临河区的降幅最大，为 21.16%。进入 1980s 之后，灌区春小麦生产水足迹的分布发生变化，如乌拉特前旗取代杭锦后旗成为春小麦生产水足迹的次低值区域，灌区 1980s 春小麦生产水足迹较 1970s 相比，平均下降了 47.05%，其中临河区的降幅最大，为 51.99%，磴口县最小，为 33.89%。而 1990s 和 2000s 的灌区作物生产水足迹的整体降幅分别为 44.49%和 26.46%，由此可以发现，1980s 和 1990s 是河套灌区春小麦生产水足迹降幅较大的两个时段，这表明 1980s 和 1990s 河套灌区的生产力水平和用水效率得到较大提升，促使春小麦生产水足迹大幅下降。而春小麦生产水足迹在 2000s 分布也发生了变化，春小麦生产水足迹由大到小依次为磴口县、五原县、杭锦后旗、乌拉特前旗和临河区。乌拉特前旗春小麦生产水足迹的降幅较大，使得其由 1960s 的高值区转变为 2000s 的低值区。灌区各旗（县、区）春小麦生产水足迹时间变化的差异性反映了各旗（县、区）农业生产和用水水平的时间差异性，如 1960s 乌拉特前旗春小麦产量为 1266kg/hm^2，是 5 个旗（县、区）春小麦单产最低的区域，而到 2000s，其产量达到 5151kg/hm^2，成为灌区春小麦单产第 3 位的区域，从而促使乌拉特前旗的春小麦生产水足迹出现较大的降幅（Sun et al.，2013）。

在 1960s，河套灌区 5 个旗（县、区）玉米生产水足迹为 4.58~9.15m^3/kg，其中乌拉特前旗最高，其后依次为磴口县、五原县、杭锦后旗和临河区。随着河套灌区玉米单位面积产量水平和用水效率的提高，灌区 5 个旗（县、区）的玉米生产水足迹出现不同程度的下降，1970s 较 1960s 的水足迹平均降幅达 31.01%，其中乌拉特前旗的降幅最大，其值为 45.84%，而杭锦后旗的降幅最小，为 11.54%，正是由于各旗（县、区）变化幅度的差异性，造成了区域水足迹空间格局发生变化，磴口县取代乌拉特前旗，成为玉米生产水足迹最高的区域。进入 1980s 之后，灌区玉米生产水足迹的分布格局未发生变化，与 1970s 的分布格局一致。玉米生产水足迹在 1980s、1990s 和 2000s 分别较上个年代平均下降了 43.32%、55.44% 和 15.30%。由此可以发现，同春小麦一样，1980s 和 1990s 也是河套灌区玉米生产水足迹降幅较大的时段（图 5-8）。

向日葵作为河套灌区主要的经济作物，在 1980s 后期开始大面积种植。在 1980s，河套灌区向日葵生产水足迹为 2.68~9.97m^3/kg，极值比达到 3.72。向日葵生产水足迹的低值区集中在临河区和乌拉特前旗，而高值区集中在磴口县和五原县（图 5-9）。这种分布格局一直延续到 2000s。从年代变化来看，1990s，向日葵生产水足迹相对 1980s 下降了 42.98%，其中，降幅最大的是临河区，为 49.89%，最小的乌拉特前旗为 32.21%。而在 2000s 由于播种面积的扩大，一些低产田也广泛种植向日葵，导致向日葵单位面积产量出现下降，从而促使灌区向日葵生产水足迹在 2000s 较 1990s 上升了 8.23%。

5.1.6 作物生产水足迹蓝、绿水构成空间分布及演变过程

在分析灌区主要作物生产水足迹、蓝水足迹和绿水足迹的基础上，进一步分析了主要作物在研究时段内，作物生产水足迹蓝、绿水构成的时空演变情况。通过对作物生产水足迹蓝、绿水耗水量构成分析，有助于明晰作物生产过程中的水资源利用类型和数量，对于优化种植结构、提高作物水分生产力具有参考意义。图 5-10 和图 5-11 显示了灌区两种主要粮食作物生产水足迹蓝、绿水构成在研究时段内的空间分布情况。由于灌区降水量稀少，作物生产主要依赖灌溉水，因此，绿水足迹在作物生产水足迹中的占比较小。从 5 个旗（县、区）作物生产水足迹中蓝、绿水足迹构成比例来看（图 5-10 和图 5-11），乌拉特前旗作物生产水足迹中绿水占比最大，这一分布格局与灌区降水的空间分布基本一致。

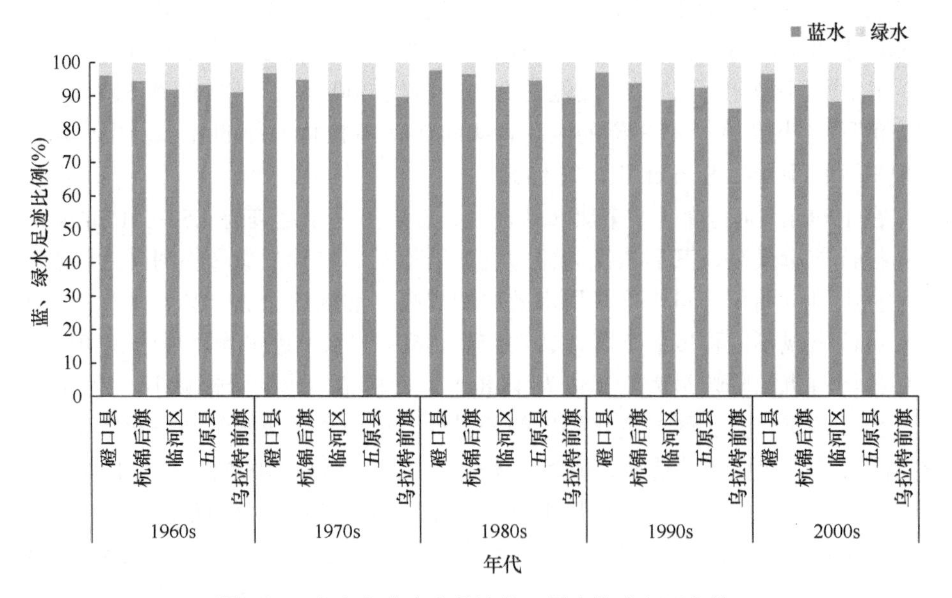

图 5-10 春小麦生产水足迹蓝、绿水构成年际变化

春小麦生产水足迹中蓝、绿水构成结果显示（图 5-10），乌拉特前旗春小麦生产水足迹中绿水比例最大。以 1960s 为例，乌拉特前旗春小麦中的绿水比例为 8.90%，其次为临河区（8.08%）、五原县（6.75%）、杭锦后旗（5.57%）和磴口县（3.94%）。

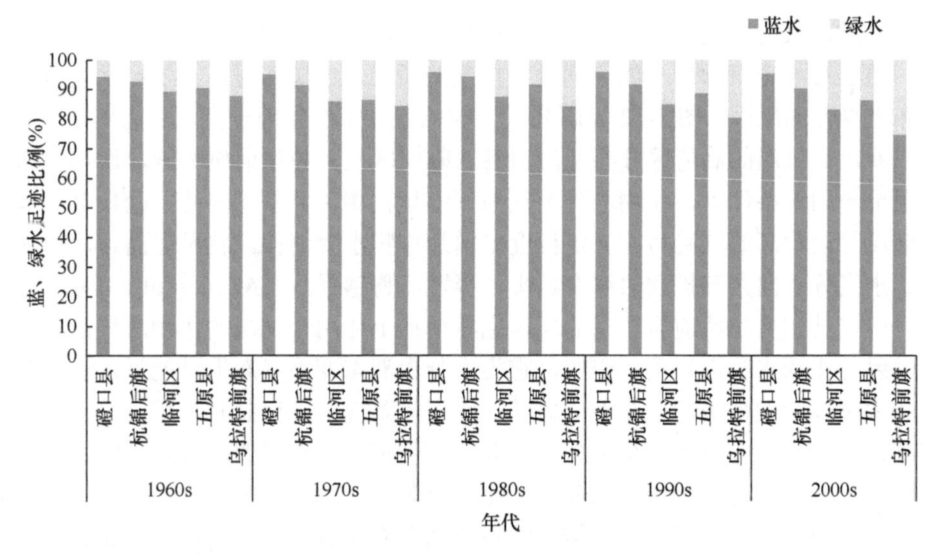

图 5-11　玉米生产水足迹蓝、绿水构成年际变化

玉米生产水足迹中蓝、绿水构成结果显示（图 5-11），玉米生产水足迹中的绿水比例要大于春小麦生产水足迹中绿水的比例。例如，1960s 乌拉特前旗春小麦生产水足迹中绿水比例为 8.90%，而玉米的这一比例为 12.28%。在 1960s 玉米生产水足迹绿水比例由大到小依次为乌拉特前旗（12.28%）、临河区（10.79%）、五原县（9.54%）、杭锦后旗（7.36%）和磴口县（5.75%）。从玉米生产水足迹绿水比例的年代变化来看，在研究时段内灌区玉米生产水足迹中的绿水比例呈增加趋势，以临河区为例，玉米生产绿水的平均比例从 1960s 的 10.79%增加到 2000s 的 16.93%，而乌拉特前旗玉米生产绿水比例在 2000s 达到 25%。

5.1.7　作物生产水足迹及蓝、绿水足迹空间分布及演变特征

在分析灌区 5 个旗（县、区）主要作物的生产水足迹、蓝水足迹、绿水足迹及蓝、绿水足迹构成的空间分布及空间演变过程的基础上，本节将探讨灌区作物生产水足迹及其蓝、绿水足迹在研究时段内的空间分布和演变特征。由于作物生产水足迹受区域气候、农业生产条件及灌溉水平等因素的影响，因此，将从分析灌区 5 个旗（县、区）农业气象条件、生产资料投入、灌溉水平的差异入手，探讨灌区作物生产水足迹空间分布差异的原因及演变特征。

1）作物生产水足迹空间分布特征受区域农业气象条件影响，灌区气温较高、风速较大、日照时数较高的区域作物生产水足迹较大。

作物生产水足迹是由作物所消耗的绿水、蓝水资源量与单位面积产量共同决定的，其中作物生产过程的水资源消耗量由当地的农业气象条件及灌溉水平决定。

选取气温、风速、相对湿度、日照时数及降水量 5 个影响作物水分消耗的气象因子，通过对 5 个气象因子的空间分布情况的研究，尝试探讨作物生产水足迹空间分布差异性的原因。图 5-12 为研究区 1960~2010 年气象因子空间分布图，从图中可以看出，气温的高值区分布在磴口县、临河区及乌拉特前旗等地，而在仅考虑气温单一因素条件下，作物水分消耗与气温呈正相关关系，因此，磴口县、乌拉特前旗等地较高的气温将在一定程度上增加作物水分消耗。就风速而言，风速越大，水汽分子向大气扩散的速度越快，蒸发蒸腾越强烈（Allen et al.，1998），因此，磴口县和乌拉特前旗较高的风速也将增加上述两个区域的作物水分消耗。太阳辐射与作物水分消耗关系密切，它为水分由液态变为气态提供能量，而日照时数和太阳辐射关系密切，在不考虑其他因素的条件下，日照时数越长，太阳辐射越高，从图 5-12d 可以看出，磴口县和乌拉特前旗的年日照时数是灌区最高的两个区域。降水量对区域作物水分消耗影响显著，它决定了区域可利用绿水资源的数量，从图 5-12e 可以看出区域降水量空间分布差异明显，乌拉特前旗、五原县等灌区东部区域的降水量较大，其中乌拉特前旗最大，为 214mm，而杭锦后旗和磴口县等地降水量较小。

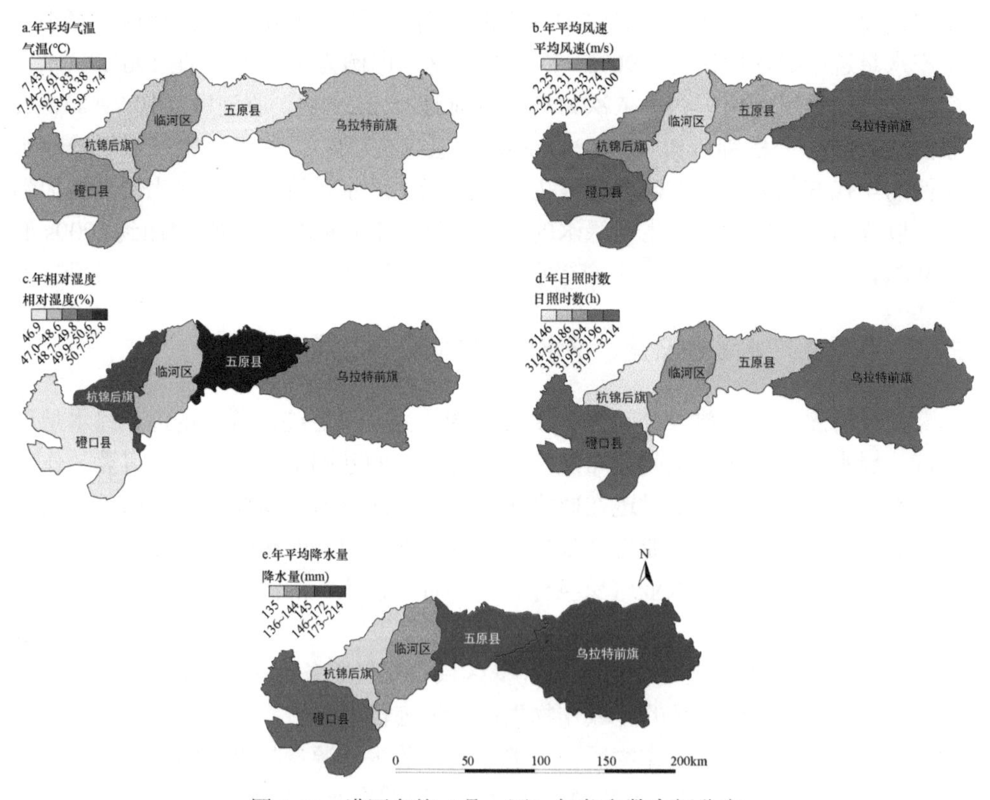

图 5-12　灌区各旗（县、区）气象参数空间分布

综合以上 5 个气象因子空间分布特征及作物生产水足迹空间分布情况可以发现：磴口县和乌拉特前旗等气温较高、风速较大、日照时数较长的区域作物生产水足迹较高。

2）区域农业生产水平对作物生产水足迹影响显著，农业生产水平较高（表现为农业生产资料投入较高）的区域作物生产水足迹较低。

作物生产水足迹由作物消耗的水资源量和单位面积产量决定，而在不考虑品种差异条件下，作物单产是由当地热量、水分、辐射等农业气候资源及化肥、农药、机械化程度等生产资料投入水平决定。在分析了气象因子空间分布差异对作物生产水足迹可能的影响之后，探讨了农业生产资料投入的空间差异对作物生产水足迹空间分布差异的影响。化肥对作物的增产具有重要作用，世界农业发展的实践证明，不论是发达国家还是发展中国家，施用化肥都是最快、最有效、最重要的增产措施（Brown，1997；Bockman，1990；FAO，1981）。农业机械化对于提高农业生产力、促进农业增收发挥着重要作用。农药作为重要的农业生产资料之一，可以保护作物健康生长、促进作物稳定增产（纪明山，2011）。通过对河套灌区 5 个旗（县、区）1990~2008 年（1990 年之前数据缺乏）的化肥使用量、农业机械动力和农药使用量 3 个农业生产资料投入指标的分析显示，河套灌区各旗（县、区）生产资料投入差异较为显著，临河区和五原县等地农业生产资料投入较多，而磴口县的农业生产资料投入较少（图 5-13）。就化肥投入量而言，1990s 5 个旗（县、区）年化肥使用量为 0.63 万~4.32 万 t，其中最大值位于灌区中部的临河区，为 4.32 万 t，最小值位于灌区西部的磴口县，仅为 0.63 万 t，极值比达到 6.86。在 2000s，灌区各旗（县、区）化肥投入量的空间分布没有发生变化，化肥投入最多的地区依然为临河区（5.65 万 t），其后依次为五原县（4.76 万 t）、杭锦后旗（4.64 万 t）、乌拉特前旗（2.73 万 t）和磴口县（0.94 万 t）。就农业机械动力而言，其分布规律与化肥投入量分布相似。在 1990s，灌区 5 个旗（县、区）年农业机械动力在 8.75 万~32.28 万 kW，其中最大值位于五原县，为 32.28 万 kW，最小值位于灌区西部的磴口县，仅为 8.75 万 kW，极值比达到 3.69。在 2000s，灌区各旗（县、区）农业机械动力的空间分布没有发生变化，农业机械动力最大的地区依然为五原县（61.41 万 kW），其后依次为乌拉特前旗（56.75 万 kW）、临河区（46.66 万 kW）、杭锦后旗（43.65 万 kW）和磴口县（16.39 万 kW）。就灌区农药投入量区域分布而言，1990s 灌区 5 个旗（县、区）年农药投入量在 34.70~123.30t，其中临河区农药投入量最大，而磴口县由于作物播种面积最小，因而对农药需求量也较小，1990s 年均农药使用量仅为 34.70t，极值比为 3.55。2000s 与 1990s 相比，灌区各旗（县、区）农药投入量的空间分布发生了一些变化，农药使用量最大的地区依然为临河区（254.00t），而次位则由五原县（215.00t）取代，其后依次为杭锦后旗（211.20t）、乌拉特前旗（132.70t）和磴口县（63.30t）。

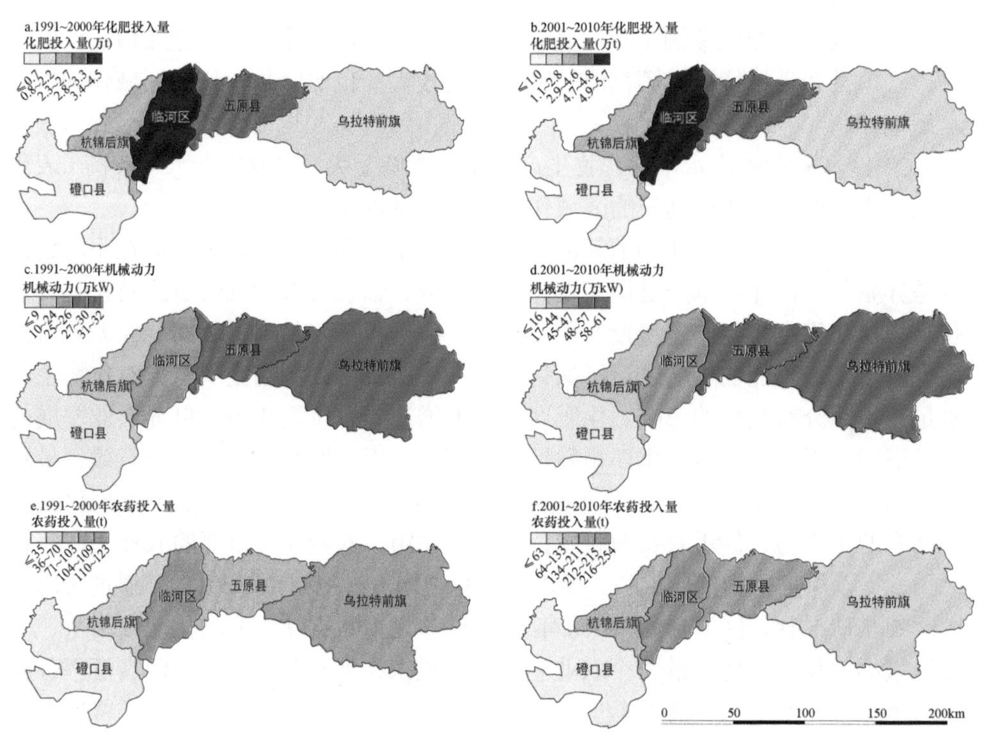

图 5-13　灌区各旗（县、区）农业生产资料年均投入量区域变化

根据上述 3 个农业生产资料投入空间分布特征，并结合作物生产水足迹空间分布差异可以看出，临河区、五原县、杭锦后旗等农业生产资料投入较高的区域，作物生产水足迹相对较低。

3）灌溉水利用率较高的区域，作物生产水足迹较低。

为了进一步明确作物生产水足迹空间分布差异的原因，分析了灌区 5 个旗（县、区）单位耕地面积的毛灌溉定额，结果显示：磴口县毛灌溉定额最大，为 734m^3/亩①，而乌拉特前旗由于降水量较多，其毛灌溉定额较小，为 454m^3/亩。灌溉定额在一定程度上反映了区域对蓝水资源的需求量。从上述分析可以看出，灌溉定额最大的磴口县，其作物生产水足迹及作物生产蓝水足迹都较大。

4）作物生产水足迹中绿水足迹所占比例的空间分布规律与降水量空间分布格局基本一致，且在研究时段内作物生产水足迹中绿水比例呈上升趋势。

受灌区各地气候及生产水平差异性的影响，灌区各旗（县、区）作物生产水足迹及蓝、绿水足迹构成存在较为明显的空间分布差异。从蓝、绿水足迹构成来看，灌区作物生产水足迹中绿水足迹所占比例和灌区降水格局的分布规律大体一致，降水量较大的乌拉特前旗作物生产水足迹中绿水足迹比例较高，而降水量较

① 1 亩≈666.67m^2。

少的磴口县，作物生产水足迹中绿水足迹所占比例较小。

从年代变化来看，由于灌区各旗（县、区）降水量在研究时段内呈上升趋势，同时单位面积灌溉水量呈下降趋势，上述两个因素促使作物生产水足迹中绿水足迹所占比例在研究时段内也呈现上升趋势。

5）农业和灌溉水平发展的差异性是导致作物生产水足迹（蓝、绿水足迹）的空间分布发生变化的主要原因。

由于各个旗（县、区）农业生产和灌溉水平在研究时段内的发展状况不一致，各旗（县、区）作物生产水足迹的空间分布在年代间发生变化。例如，杭锦后旗的化肥使用量从 1990s 的年均 2.69 万 t，增加到 2000s 的年均 4.64 万 t，增幅达到 72.49%。而临河区从 1990s 的年均 4.32 万 t，增加到 2000s 的年均 5.65 万 t，增幅仅为 30.79%。

区域间春小麦单位面积产量差异显著（表 5-1），在 20 世纪 60 年代，春小麦产量最高的区域为磴口县，其后依次为杭锦后旗、临河区、五原县和乌拉特前旗，但由于区域农业生产水平发展不均衡，各旗（县、区）年代间春小麦单位面积产量变化幅度不一。2000~2008 年，春小麦单位面积产量最高的区域变成临河区，其后依次为杭锦后旗、磴口县、乌拉特前旗和五原县。同时，各区域灌溉水平的发展也存在区域差异。图 5-14 为灌区各旗（县、区）所在灌域毛灌溉定额在研究期内的变化情况，可以看出：一方面各旗（县、区）毛灌溉定额区域差异显著，其中磴口县（乌兰布和灌域）最高，乌拉特前旗（乌拉特灌域）最小；另一方面各旗（县、区）毛灌溉定额在研究期内的变化幅度不一，如临河区（永济灌域）毛灌溉定额在 1987~2008 年的年均下降速率为 11.14m^3/亩，其后依次为磴口县（乌兰布和灌域）、五原县（义长灌域）、杭锦后旗（解放闸灌域）和乌拉特前旗（乌拉特灌域）。

表 5-1　春小麦单位面积产量年代变化

年代	磴口县		杭锦后旗		临河区		五原县		乌拉特前旗	
	单产（kg/hm^2）	变化率（%）	单产（kg/hm^2）	变化率（%）	单产（kg/hm^2）	变化率（%）	单产（kg/hm^2）	变化率（%）	单产（kg/hm^2）	变化率（%）
1960s	1576	—	1551	—	1450	—	1333	—	1266	—
1970s	1807	14.68	1514	−2.38	1447	−0.20	1132	−15.08	1215	−4.05
1980s	3376	86.82	3379	123.19	3481	140.54	2538	124.16	2491	105.13
1990s	4918	45.66	5255	55.53	5804	66.74	4129	62.71	4447	78.49
2000s	5296	7.68	5906	12.39	6178	6.44	4885	18.29	5151	15.84

正是由于这种农业生产和灌溉水平发展状况的不同步，各个旗（县、区）作物单位面积产量和耗水量的变化幅度存在差异，从而导致作物生产水足迹的下降幅度不一，并最终造成各旗（县、区）作物生产水足迹的空间分布发生变化。

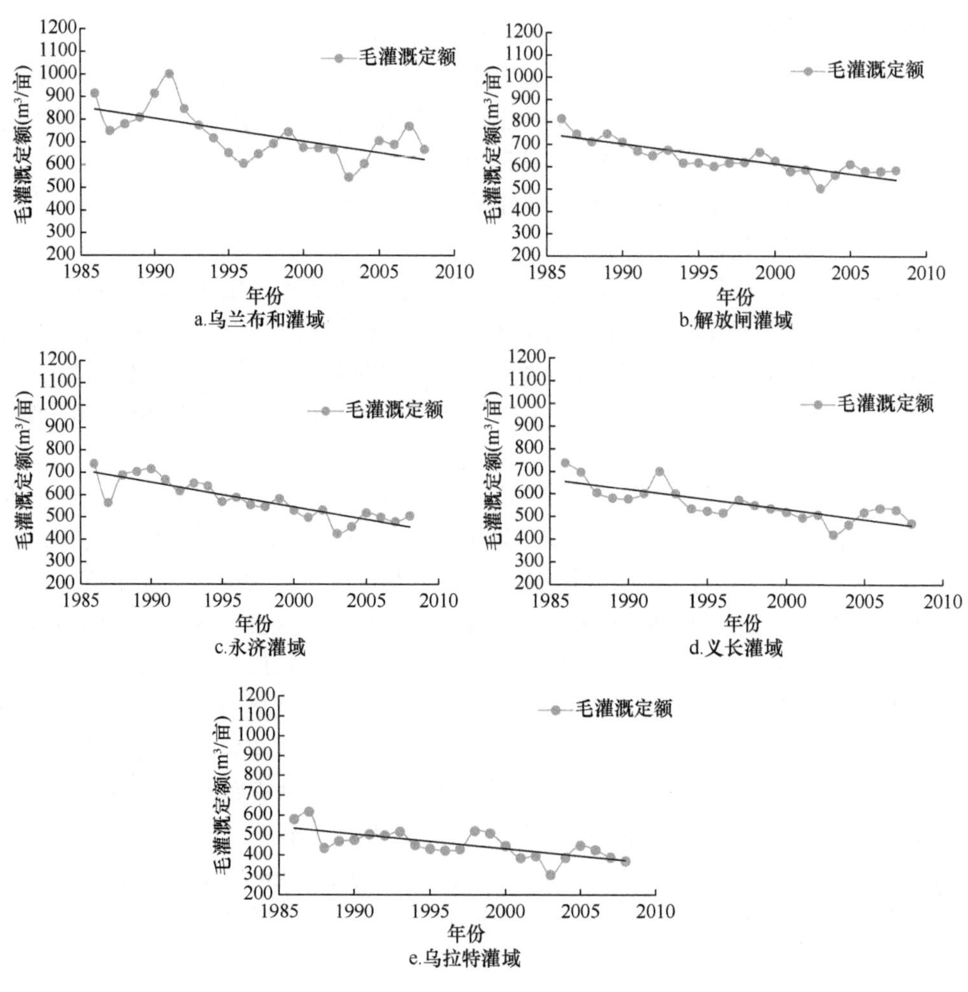

图 5-14 各灌域毛灌溉定额年际变化

5.2 河套灌区作物生产水足迹时空演变归因分析

作物生产水足迹由作物生产过程中的水资源消耗量（包括蓝水和绿水）及作物单位面积产量决定（Hoekstra et al.，2011）。区域的农业气象条件将会影响作物水分消耗，从而间接影响作物生产水足迹，而农业生产资料投入（如化肥、农药等）将会对作物单位面积产量产生直接影响。通过定性分析决定作物生产水足迹的作物耗水量与单位面积产量的影响因素，确定影响作物生产水足迹的主要因素；在此基础上，利用相关数理统计方法，定量评价上述影响因素对灌区作物生产水足迹的影响及贡献率。

5.2.1 作物生产水足迹影响因素定性分析

作物生产水足迹由作物生产过程所消耗的绿水及蓝水资源量与单位面积产量共同决定。因此，为了分析作物生产水足迹的影响因素，首先需要明确作物生产过程中水资源消耗量和单位面积产量的影响因素。其中，作物耗水量除了受区域气温、风速、日照时数等农业气象因素的影响之外，区域的水资源利用水平也将影响区域作物水分消耗。就作物单位面积产量而言，在不考虑品种差异条件下，作物单产是由当地热量、水分、辐射等农业气候资源及化肥、农药、机械化程度等生产资料投入水平决定。

气象因素通过影响作物水分消耗，进而影响作物生产水足迹。气象因素是影响作物耗水的主要因素，它不仅影响作物蒸腾速率，也直接影响作物的生长发育。影响作物需水量的主要气象因素有：气温（决定空气持水能力）、辐射（为水分由液态变为气态提供能量）、风速（水汽分子向大气扩散的速度）、湿度（决定空气中水分的多少）；一般而言，当气温越高、辐射越大、风速越大、相对湿度越小时，作物耗水量就会越大（Allen et al.，1998）。为了进一步明确各气象因子对作物水分消耗的影响，利用 SPSS 软件对灌区两种主要粮食作物春小麦和玉米生育期蒸发蒸腾量与各气象参数进行相关分析，结果显示：春小麦和玉米生育期蒸发蒸腾量与气温、风速和日照时数呈正相关关系，其中两种作物生育期蒸发蒸腾量与气温和风速的相关性达到显著（极显著）水平，而春小麦和玉米生育期蒸发蒸腾量与相对湿度及降水量呈负相关关系，其中与降水量的相关性达显著（极显著）水平（表 5-2）。由此可见，灌区气象因素对作物水分消耗影响显著，从而间接影响作物生产水足迹。

表 5-2　作物蒸发蒸腾量影响因素分析

统计描述		气温（℃）	相对湿度（%）	风速（m/s）	日照时数（h）	降水量（mm）
$(ET_c)_W$	Pearson 相关	0.185*	–0.349	0.614**	0.338	–0.433*
	Sig.（2-tailed）	0.328	0.059	0.000	0.068	0.017
$(ET_c)_M$	Pearson 相关	0.030*	–0.328	0.430*	0.374*	–0.543**
	Sig.（2-tailed）	0.876	0.077	0.018	0.042	0.002

注：$(ET_c)_W$ 为春小麦生育期蒸发蒸腾量，$(ET_c)_M$ 为玉米生育期蒸发蒸腾量；显著性：*. $p<0.05$，**. $p<0.01$

就作物单位面积产量而言，除了区域农业气象条件外，农业生产资料投入水平是决定作物单位面积产量的又一重要因素。其中，化肥、农药及农业机械动力是农业生产活动中最主要的农业生产资料。为了分析灌区气象因子及生产资料投入对作物单位面积产量的影响，选取春小麦和玉米两种河套灌区主要种植的粮食作物为研究对象，利用 SPSS 软件对两种作物单位面积产量与气象及生产资料因子进行相关分析，结果显示（表 5-3）：就春小麦而言，春小麦单产与平均气温、

表 5-3　作物单位面积产量影响因素分析

	统计描述	*T*（℃）	*RH*（%）	*WS*（m/s）	*SH*（h）	*P*（mm）	*EIA*（hm^2）	*FC*（t）	*PC*（t）	*MP*（kW）	*UCIW*（%）
Y_W	Pearson 相关系数	0.727**	−0.068	−0.857**	0.229	0.149	0.607**	0.942**	0.874**	0.691**	0.957**
	Sig.（2-tailed）	0	0.721	0	0.224	0.433	0	0	0	0	0
Y_M	Pearson 相关系数	0.644**	−0.214	−0.763**	0.302	0.212	0.830**	0.956**	0.722**	0.308	0.769**
	Sig.（2-tailed）	0	0.256	0	0.104	0.262	0	0	0	0.098	0

注：Y_W. 春小麦单产（kg/hm^2）；Y_M. 玉米单产（kg/hm^2）；*T*. 气温（℃）；*RH*. 相对湿度（%）；*WS*. 风速（m/s）；*SH*. 日照时数（h）；*P*. 降水量（mm）；*EIA*. 有效灌溉面积（hm^2）；*FC*. 化肥使用量（t）；*PC*. 农药使用量（t）；*MP*. 农业机械动力（kW）；*UCIW*. 灌溉水利用系数（%）。显著性：*. $p<0.05$，**. $p<0.01$

日照时数、降水量、有效灌溉面积、化肥使用量、农药使用量、农业机械动力及灌溉水利用系数呈正相关关系，其中与气温（0.727**）、有效灌溉面积（0.607**）、化肥使用量（0.942**）、农药使用量（0.874**）、农业机械动力（0.691**）及灌溉水利用系数（0.957**）达到极显著水平（p<0.01）。春小麦单位面积产量与相对湿度（–0.068）、风速（–0.857**）呈负相关关系，其中风速达到极显著水平（p<0.01）。玉米单位面积产量与气象因子、生产资料的相关关系与春小麦大致类似。玉米单位面积产量与平均气温、日照时数、降水量、有效灌溉面积、化肥使用量、农药使用量、农业机械动力及灌溉水利用系数呈正相关关系，其中与气温（0.644**）、有效灌溉面积（0.830**）、化肥使用量（0.956**）、农药使用量（0.722**）和灌溉水利用系数（0.769**）达到极显著水平（p<0.01）。而玉米单位面积产量与相对湿度和风速呈负相关关系，其中与风速的相关性达到极显著水平（–0.763**）。由此可见，农业生产资料投入对灌区作物单位面积产量影响显著，进而会影响作物生产水足迹。因此，农业生产资料投入是作物生产水足迹重要的潜在影响因素（Sun et al.，2013）。同时，区域灌溉工程的运行状况、渠道衬砌情况及田间灌水方式等因素不仅会影响作物水资源消耗量，也会对作物单位面积产量产生影响。由于灌溉对保障作物生产过程的水分需求具有重要意义，作物需水关键期的水分亏缺将会导致作物减产，因此，区域灌溉水平也在很大程度上影响着作物单位面积产量，进而间接影响了作物生产水足迹。

通过上述对决定作物生产水足迹大小的作物耗水量与单位面积产量的影响因素进行的定性分析显示，作物生产水足迹的主要影响因素包括三类：一是气象因素，主要包括影响作物水分消耗的气温、相对湿度、风速、日照时数和降水量等；二是农业生产水平，具体表现为农业生产资料投入水平，包括化肥使用量、农药使用量、农业机械动力及其他农业生产资料；三是区域灌溉水平，包括有效灌溉面积占耕地面积的比例、灌溉水利用率等参数。

为了进一步定性分析灌区气象、农业生产资料投入及灌溉水平等参数对灌区作物生产水足迹的影响，选取气温（X_1）、相对湿度（X_2）、风速（X_3）、日照时数（X_4）、降水量（X_5）、有效灌溉面积（X_6）、化肥使用量（X_7）、农药使用量（X_8）、农业机械动力（X_9）及灌溉水利用系数（X_{10}）10 个潜在影响因子，利用 SPSS 软件进行相关分析，结果见表 5-4。

从各个因素与灌区作物生产水足迹相关性分析可以看出，灌区作物生产水足迹与风速、日照时数呈正相关，相关系数分别为 0.877**和 0.342，这说明作物生产水足迹与风速的相关性达到极显著水平（p<0.01）。而作物生产水足迹与气温（–0.694**）、相对湿度（–0.025）、降水量（–0.188*）、有效灌溉面积（–0.615**）、化肥使用量（–0.929**）、农药使用量（–0.866**）、农业机械动力（–0.662**）和灌溉水利用系数（–0.928**）呈负相关，其中除降水量、相对湿度外，其余因素与

表 5-4　作物生产水足迹影响因素分析

		WF	X_1	X_2	X_3	X_4	X_5	X_6	X_7	X_8	X_9	X_{10}
WF	Pearson 相关性	1	−0.694**	−0.025	0.877**	0.342	−0.188*	−0.615**	−0.929**	−0.866**	−0.662**	−0.928**
	显著性（双侧）		0	0.896	0	0.065	0.319	0	0	0	0	0
	N		30	30	30	30	30	30	30	30	30	30
X_1	Pearson 相关性		1	−0.013	−0.606**	−0.403*	0.027	0.489**	0.721**	0.743**	0.524**	0.748**
	显著性（双侧）			0.944	0	0.027	0.888	0.006	0	0	0.003	0
	N			30	30	30	30	30	30	30	30	30
X_2	Pearson 相关性			1	0.093	−0.381*	0.447*	0.254	0.07	−0.186	−0.454*	−0.164
	显著性（双侧）				0.626	0.038	0.013	0.176	0.711	0.325	0.012	0.387
	N				30	30	30	30	30	30	30	30
X_3	Pearson 相关性				1	0.155	−0.090	−0.498**	−0.878**	−0.777**	−0.557**	−0.823**
	显著性（双侧）					0.414	0.636	0.005	0	0	0.001	0
	N					30	30	30	30	30	30	30
X_4	Pearson 相关性					1	−0.079	−0.513**	−0.245	−0.308	−0.099	−0.287
	显著性（双侧）						0.676	0.004	0.191	0.098	0.601	0.124
	N						30	30	30	30	30	30
X_5	Pearson 相关性						1	0.223	0.174	0.062	0.090	0.149
	显著性（双侧）							0.237	0.358	0.744	0.635	0.433
	N							30	30	30	30	30
X_6	Pearson 相关性							1	0.732**	0.588**	0.134	0.573**
	显著性（双侧）								0	0.001	0.479	0.001
	N								30	30	30	30

续表

		WF	X_1	X_2	X_3	X_4	X_5	X_6	X_7	X_8	X_9	X_{10}
X_7	Pearson 相关性								1	0.844**	0.498**	0.874**
	显著性（双侧）									0	0.005	0
	N									30	30	30
X_8	Pearson 相关性									1	0.770**	0.935**
	显著性（双侧）										0	0
	N										30	30
X_9	Pearson 相关性										1	0.823**
	显著性（双侧）											0
	N											30
X_{10}	Pearson 相关性											1
	显著性（双侧）											
	N											30

注：WF 为作物生产水足迹。气温（X_1）、相对湿度（X_2）、风速（X_3）、日照时数（X_4）、降水量（X_5）、有效灌溉面积（X_6）、化肥使用量（X_7）、农药使用量（X_8）、农业机械动力（X_9）及灌溉水利用系数（X_{10}），表中作物生产水足迹为各作物生产水足迹根据其产量占灌区作物总产量的比重进行加权得到。显著性：*. $p<0.05$，**. $p<0.01$

作物生产水足迹的相关性都达到极显著水平（$p<0.01$）。由此可见，就河套灌区而言，作物生产水足迹与农业生产和灌溉水平的相关性较为显著。

5.2.2 作物生产水足迹影响因素贡献率

作物生产水足迹是由作物所消耗的广义水资源量与单位面积产量共同决定的，而在不考虑品种差异条件下，作物单产是由当地热量、水分、辐射等气候资源及化肥、农药、机械化水平等生产资料投入水平决定（Sun et al.，2013）。

农业生产资料的投入和灌溉水利用率是作物生产水足迹变化的主要驱动因子。化肥、农药投入及灌溉水平的提高，缓解了气温升高和相对湿度减少的负面作用，使得河套灌区在 1960~2008 年，作物生产水足迹得到较大幅度的下降。以下将定量分析气象因子、农业生产资料投入及灌溉水平的提高对作物生产水足迹在研究时段内下降的贡献率。因子的贡献率能反映因子在某一时期的增量所引起因变量的增量占因变量总体变化的比重（王丹，2009），通过分析各因子对作物生产水足迹的贡献率，可以定量分析各因子对河套灌区作物生产水足迹的影响程度。

影响因子对作物生产水足迹变化贡献率的分析思路如下所述。

作物生产水足迹是由作物耗水量与单位面积产量共同决定的，而在不考虑品种差异条件下，作物单产由当地热量、水分、辐射等气候资源及化肥、农药、机械化水平等生产资料决定，用函数表示其关系为

$$Y = f(C_1, C_2 \cdots C_n; P_1, P_2 \cdots P_n) \tag{5-1}$$

式中，C_i、P_i 分别为影响作物单产的气象及生产资料因子。

而作物耗水量主要与气候条件及水利设施状况有关，可表达为：

$$CWU = f(C_1, C_2 \cdots C_n; P_i) \tag{5-2}$$

式中，P_i 为与作物耗水相关的生产变量。

作物生产水足迹可用式（5-3）表示：

$$WF = \frac{CWU}{Y} = \frac{f(C_1, C_2 \cdots C_n; P_i)}{f(C_1, C_2 \cdots C_n; P_1, P_2 \cdots P_n)} \tag{5-3}$$

对式（5-3）进行线性转化，等式两边分别取对数，可得：

$$\ln WF = \ln\left[f(C_1, C_2 \cdots C_n; P_i)\right] - \ln\left[f(C_1, C_2 \cdots C_n; P_1, P_2 \cdots P_n)\right] \tag{5-4}$$

利用 SPSS 软件对式（5-4）进行多元线性回归可以得到各因子的弹性系数，农业生产资料和气象因子变化对水足迹变化的贡献率可按式（5-5）和式（5-6）计算（Sun et al.，2013）：

$$\delta_i = a_i \times \frac{\Delta P_i}{P_i} \bigg/ \frac{\Delta WF}{WF} \tag{5-5}$$

$$\gamma_i = b_i \times \frac{\Delta C_i}{C_i} \Big/ \frac{\Delta WF}{WF} \tag{5-6}$$

式中，δ_i 为第 i 项生产资料对作物生产水足迹变化的贡献率；γ_i 为第 i 项气象因子对作物生产水足迹变化的贡献率；a_i 为第 i 项生产资料的弹性系数；ΔP_i 为第 i 项生产资料投入的变化量；ΔWF 为作物生产水足迹的变化量；b_i 为第 i 项气象因子的弹性系数；ΔC_i 为第 i 项气象因子的变化量。

经过显著性检验，气象因子中，气温、风速与降水量达到显著水平；而生产资料投入及灌溉技术因子中，化肥使用量、农业机械动力与灌溉水利用系数达到显著水平。利用多重线性回归和广义最小二乘法可以得到各项因子的弹性系数。将影响因子的弹性系数和变化率，代入公式（5-5）和公式（5-6），可以得到 1980~2008 年各影响因子对作物生产水足迹变化的贡献率，结果见表 5-5。

表 5-5　各影响因子对灌区作物生产水足迹的贡献率

影响因子		解释变量弹性系数	解释变量变化率（%）	贡献率（%）
气象因子	气温	0.24	23.57	–4.3
	风速	0.62	–27.72	10.02
	降水量	–0.11	31.39	1.18
气象因子综合影响				**6.9**
农业生产资料投入	化肥使用量	–0.17	406.7	34.89
灌溉技术进步	灌溉水利用系数	–2.8	16.22	31.87
农业机械化	农业机械动力	–0.23	146.48	17.55
生产资料投入及灌溉技术综合影响				**84.31**
其他因子				**8.79**
总影响				**100**

注：各影响因子对作物生产水足迹的贡献率为正，则说明该影响因子在研究时段内的变化促使作物生产水足迹下降，贡献率为负表示该影响因子在研究时段内的变化促使作物生产水足迹增加

结果显示，1980~2008 年气候因素对作物生产水足迹变化的贡献率相对较小，气象因子对作物生产水足迹下降的总体贡献为 6.90%，其中气温、风速和降水量对作物生产水足迹下降的贡献率分别为–4.30%、10.02%和 1.18%，表明气温在研究时段内的上升使作物生产水足迹增加了 4.30%，风速的降低使得作物生产水足迹下降了 10.02%，而降水量的增加使得作物生产水足迹下降了 1.18%；农业生产资料投入方面，化肥使用量的增加显著提高了作物的单产，间接降低了作物生产水足迹，其对作物生产水足迹下降的贡献率为 34.89%；灌溉技术方面，由于灌溉水利用系数的增加，灌溉水的损失降低，从而促使作物生产水足迹的下降，其对作物生产水足迹下降的贡献率为 31.87%。农业机械化有利于完成人畜力无法达到的作业效率和作业质量，起到了“抢农时、防灾害、促丰产”的效果，通过机械

化提高土地平整度可以提高作物产量，其对作物生产水足迹下降的贡献率为17.55%。剩余因素对作物生产水足迹的贡献率为 8.79%。由此可见，农业生产资料投入、灌溉水平和农业机械化程度的提高是驱动河套灌区作物生产水足迹在研究时段内下降的主要因素。

5.2.3 作物生产水足迹调控措施探讨

作物生产水足迹是由作物生育期耗水量和单位面积产量共同决定的。因此，作物生产水足迹能够反映当地气候资源禀赋、农业生产力和灌溉水平。气候资源将直接影响作物耗水过程和作物单位面积产量，农业生产力将决定作物单位面积产量，而灌溉水平的高低，影响了作物蓝水资源的消耗量。

由此可见，为了减少作物的生产水足迹，主要有三种措施：

一是将作物种植在气候适宜的区域，以降低作物生育期耗水量，如同样的作物种类和品种，在不同气候区的作物耗水量差异很大（Aldaya et al.，2010a）；

二是增加生产资料投入（化肥、农药等）、提高机械化程度，以提高作物单产水平，从而降低作物生产水足迹；

三是提高灌区水资源利用率，即提高降水和灌溉水利用系数。减少灌溉水在输配水和田间灌溉过程中的损失，从而降低作物生产蓝水足迹。

通过对河套灌区作物生产水足迹影响因子进行的通径分析发现，增加农业生产资料投入和提高农业用水效率是河套灌区水足迹调控的有效途径，但灌区大多数作物的单位面积产量在研究时段内已获得较大的增幅，目前灌区作物单位面积产量水平处于全国中上水平，因此，进一步提高作物单位面积产量的潜力较小；而灌溉水利用系数处于较低水平，有很大的提升空间，因此，提高河套灌区灌溉水利用系数是降低灌区尺度作物生产水足迹最为有效的措施之一。除了利用上述措施降低各种作物生产水足迹，还可以采用调整区域种植结构，从高耗水型种植结构向低耗水型结构演变，以提高区域总体用水效率。

上述措施只是从工程、农艺等方面对作物生产水足迹进行调控，除此之外，通过制定科学的农业水足迹控制标准，实施农业生产用水补偿奖惩制度，进而调动农业生产相关方的节水积极性，可以在管理层面为农业水足迹调控提供一种有效途径，同时也可以为实施最严格的水资源管理制度提供指标体系（李计初，2012）。

作物生产水足迹作为农业用水效率的评价指标，综合考虑不同类型的水资源（蓝水和绿水），且包含了灌溉水在渠系输配水和田间灌水过程中的损失，因而作物生产水足迹能够反映区域整体的农业用水效率。

根据各区域的气候条件、耕地和水资源状况、节水技术水平、作物种类和单产水平，制定科学的农业水足迹控制标准。农业水足迹控制标准包括总量控制标准和定额控制标准（农业用水总量控制标准和用水效率）。将作物生产水足迹作为农户用水的定额控制标准，实现灌区管理单位对农户用水的管理；另外可以将区域农业水足迹作为各区域的取水总量控制标准，实现政府部门对灌区用水的管理。水足迹控制标准可有效减少作物生产用水量，提高农业用水效率。

5.3　河套灌区作物虚拟水流动演变特征

虚拟水流动分析是现代农业水管理的重要内容，能够反映不同区域间粮食贸易所引起的虚拟形态的水资源的流动。对内蒙古河套灌区主要作物及作物总体 1960~2010 年的虚拟水流动及其构成进行了量化，并结合传统统计分析指标，从流量、流向及构成角度对其演变特征进行分析。

5.3.1　虚拟水流动演变过程

利用构建的计算方法，结合河套灌区气象、农业生产及经济社会数据，得到各作物在 1960~2010 年的虚拟水流动。研究时段内，各作物虚拟水流动差异显著（图 5-15）。

如图 5-15a 所示，1960~2010 年河套灌区小麦虚拟水流动呈现先增后减趋势。1960 年，河套灌区因小麦向其他地区调运，输出虚拟水 6.46 亿 m^3。此后，由于调运量的不断增加，虚拟水输出量波动上升，其年均增加速率为 0.19 亿 m^3，至 1992 年达到最大值（19.75 亿 m^3）。1992 年以后，灌区农业用水效率的提高成为影响小麦虚拟水输出量的主要因素，小麦虚拟水输出量以 0.80 亿 m^3 的速率开始波动下降，至 2010 年减小为 5.12 亿 m^3。

研究时段内玉米虚拟水流动呈现波动上升趋势（图 5-15b）。1960 年，由于玉米的对外贸易行为，约 2.93 亿 m^3 水资源以虚拟形态从河套灌区输出。此后，灌区玉米种植面积的增加使得其对外贸易量不断增加，2010 年，玉米虚拟水输出量上升为 8.17 亿 m^3。1960~2010 年年平均增加速率为 0.09 亿 m^3。

河套灌区的自然条件并不适合水稻种植，因此，河套灌区居民所消费的水稻主要来自其他区域。1960 年，灌区由于水稻调入，而输入虚拟水 3.40 亿 m^3（图 5-15c）。1960s 和 1970s，由于消费需求的增加，水稻虚拟水流入量以每年 0.68 亿 m^3 的速率快速增加，至 1979 年达到最大值（15.79 亿 m^3）。自 1980s 开始，农业生产效率的提高使得虚拟水流入量开始波动下降，至 2010 年，减小为 2.64 亿 m^3，不足 1960 年数值的 80%。

如图 5-15d 所示，研究时段内，杂粮虚拟水流动呈现波动下降趋势。1960 年，杂粮虚拟水输出量为 10.42 亿 m^3，之后由于其播种面积不断减小，对外输出能力减弱，虚拟水输出量以每年 0.28 亿 m^3 的速率逐年减少。在 2005 年、2009 年和 2010 年，灌区生产的杂粮不能满足其消费需求，杂粮虚拟水流动方向由输出转变为输入，其虚拟水流入量分别为 0.28 亿 m^3、0.53 亿 m^3 和 0.49 亿 m^3。

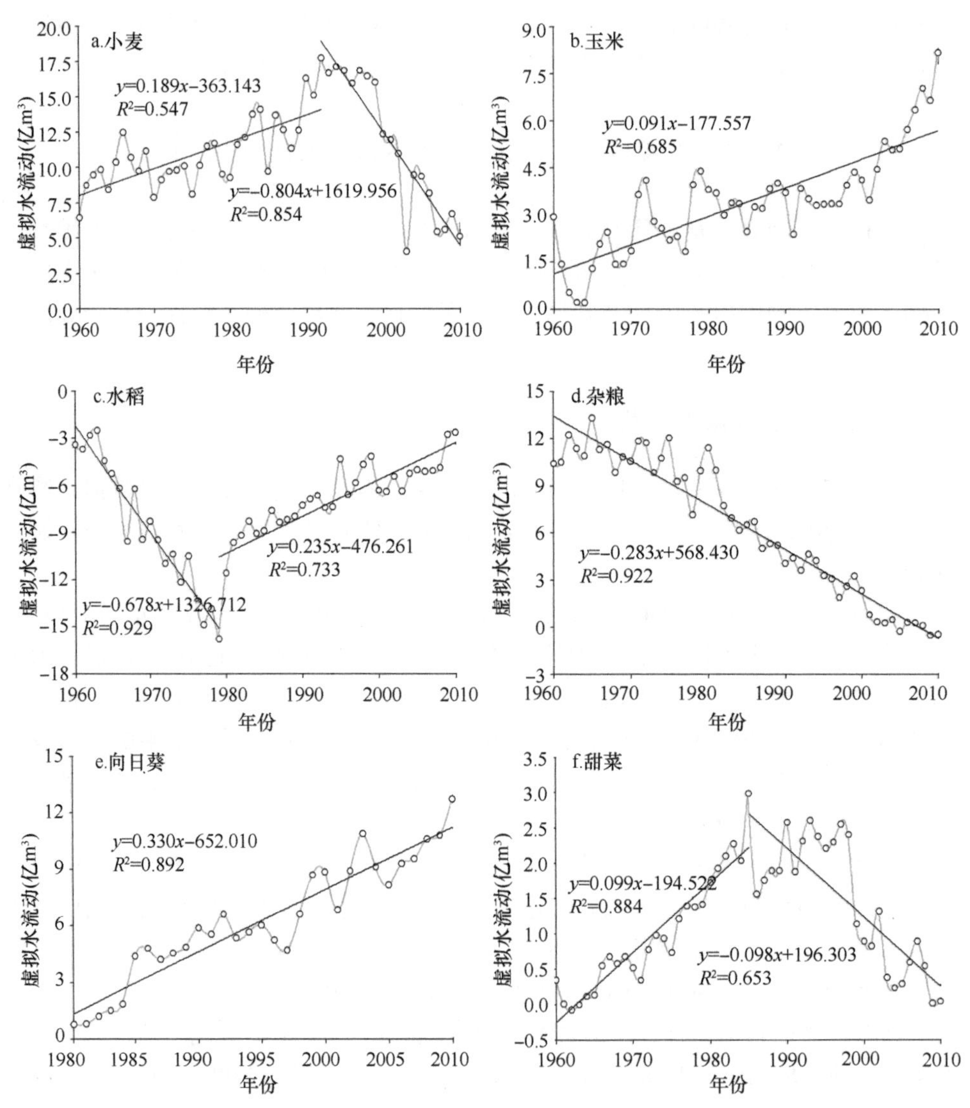

图 5-15 河套灌区虚拟水流动年际变化

正值为流出，负值为流入

自 1980s 开始，河套灌区开始输出向日葵，其虚拟水输出量不断增加(图 5-15e)。1980 年，灌区由于向日葵贸易，对外输出虚拟水 0.78 亿 m^3，至 2010 年该数值增加为 12.73 亿 m^3，是 1960 年数值的 16.32 倍。

研究时段内，甜菜虚拟水流动同时出现流入与流出现象（图 5-15f）。1962 年和 1963 年，灌区甜菜生产不能完全满足其需求，其虚拟水流动表现为流入现象，流入数值分别为 0.08 亿 m^3 和 0.004 亿 m^3。其他年份甜菜虚拟水流动表现为流出，其流出量在研究时段内呈现先增后减趋势，1985 年前波动上升，1985 年达到最大值（2.99 亿 m^3），之后以年均 0.10 亿 m^3 的速率下降，至 2010 年，为 0.05 亿 m^3。

5.3.2　虚拟蓝水流动演变过程

如图 5-16 所示，各作物虚拟蓝水流动情况差异显著，同种作物虚拟蓝水流动与虚拟水流动变化趋势相似。

研究时段内，河套灌区小麦虚拟蓝水流动呈现先增后减趋势（图 5-16a）。1960 年，河套灌区小麦虚拟蓝水输出量为 5.49 亿 m^3。此后，由于调运量的不断增加，虚拟蓝水输出量波动上升，其年均增加速率（0.20 亿 m^3/a）大于虚拟水输出量年均增加速率。与虚拟水流动不同，小麦虚拟蓝水流动量最大值出现在 1994 年，最大值为 15.41 亿 m^3。1994 年以后，小麦虚拟蓝水输出量以 0.78 亿 m^3 的速率开始波动下降，至 2010 年减小为 4.54 亿 m^3。

如图 5-16b 所示，研究时段内玉米虚拟蓝水流动呈现波动上升趋势。1960 年，伴随玉米对外输出行为，约 2.51 亿 m^3 水资源以虚拟形态从河套灌区输出。此后，灌区玉米虚拟蓝水流动量以每年 0.08 亿 m^3 的平均速率波动上升，至 2010 年，玉米虚拟蓝水输出量上升为 6.71 亿 m^3。

河套灌区居民所消费的水稻主要来自灌区以外区域，1960 年，灌区由于水稻调入，而输入虚拟蓝水 3.26 亿 m^3（图 5-16c）。1960s 和 1970s，水稻虚拟蓝水流入量以年均 0.62 亿 m^3 的速率快速增加，该增加速率稍低于虚拟水流入量的增加速率，至 1979 年达到最大值（14.29 亿 m^3）。自 1980s 开始，农业生产效率的提高使得虚拟蓝水流入量开始波动下降，1980s、1990s 和 2000s 水稻虚拟蓝水流动量的平均值分别为 8.47 亿 m^3、5.75 亿 m^3 和 4.91 亿 m^3，分别为 1970s 均值的 75.91%、51.52%和 43.99%。

1960~2010 年，杂粮虚拟蓝水流动呈现波动下降趋势（图 5-16d）。1960 年，杂粮虚拟蓝水输出量为 8.69 亿 m^3，之后由于其播种面积不断减小，对外输出能力减弱，虚拟蓝水输出量以每年 0.25 亿 m^3 的速率逐年减少。在 2005 年、2009 年和 2010 年，灌区杂粮虚拟蓝水流动方向由输出转变为输入，其虚拟蓝水流入量分别为 0.25 亿 m^3、0.46 亿 m^3 和 0.40 亿 m^3。

河套灌区在 1980~2010 年，由于向日葵输出，向外输出虚拟蓝水，且其数值呈现波动上升趋势（图 5-16e）。1980 年，灌区由于向日葵贸易，对外输出虚拟蓝水 0.70 亿 m^3，至 2010 年该数值增加为 10.56 亿 m^3，是 1960 年数值的 15.09 倍。

1980~2010 年的年均上升速率为 0.27 亿 m^3。

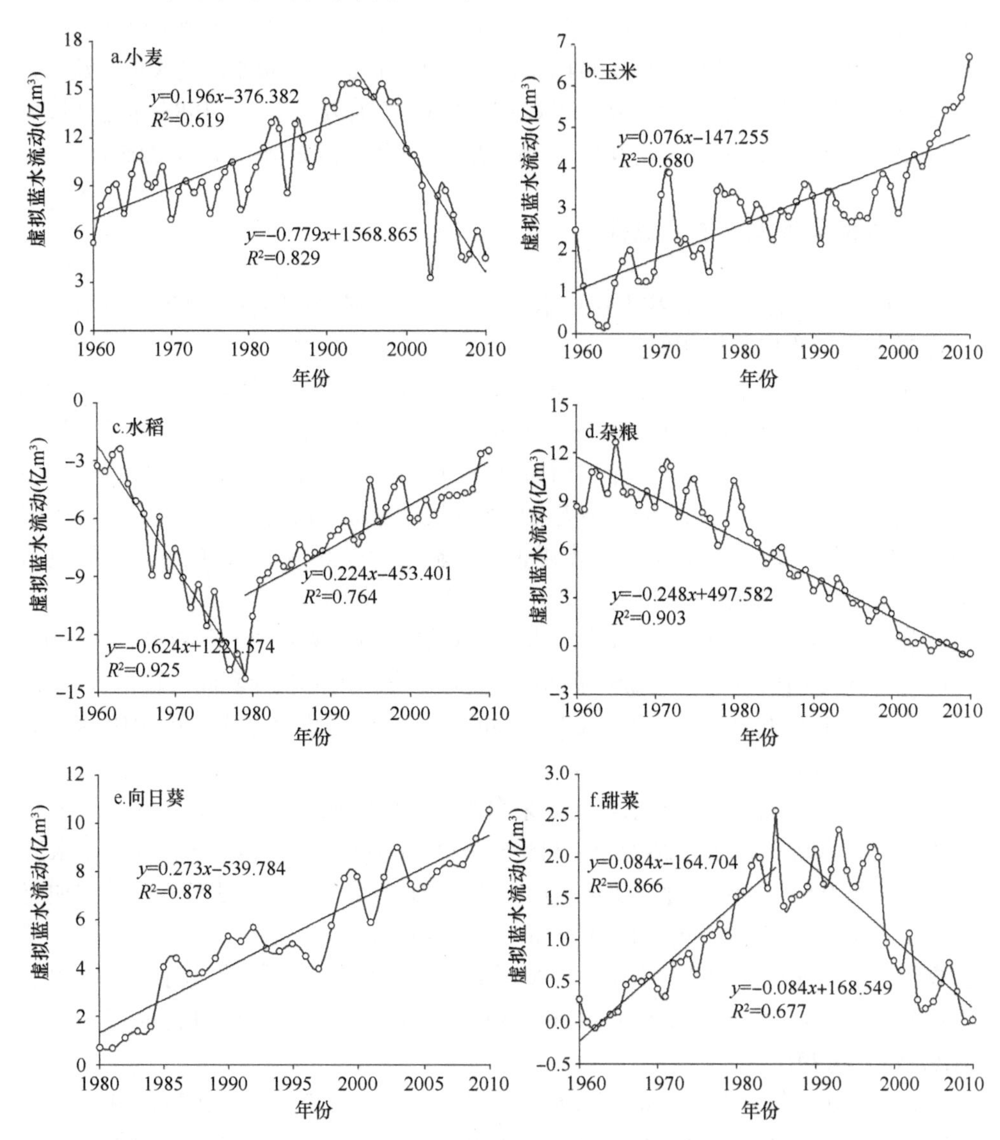

图 5-16　河套灌区各作物虚拟蓝水流动年际变化

正值为流出，负值为流入

1960~2010 年，甜菜虚拟蓝水流动同时出现流入与流出现象（图 5-16f）。1962 年和 1963 年，灌区甜菜生产不能完全满足其需求，其虚拟蓝水流动表现为流入，流入数值分别为 0.07 亿 m^3 和 0.004 亿 m^3。其他年份甜菜虚拟蓝水流动表现为流出，其流出量在研究时段内呈现先增后减趋势，1985 年达到最大值（2.56 亿 m^3），之后以年均 0.08 亿 m^3 的速率下降，至 2010 年，为 0.04 亿 m^3。

5.3.3 虚拟绿水流动演变过程

如图 5-17 所示，各作物虚拟绿水流动情况差异显著，同种作物虚拟绿水流动与虚拟水流动、虚拟蓝水流动变化趋势相似，但其波动幅度要大于后两者。

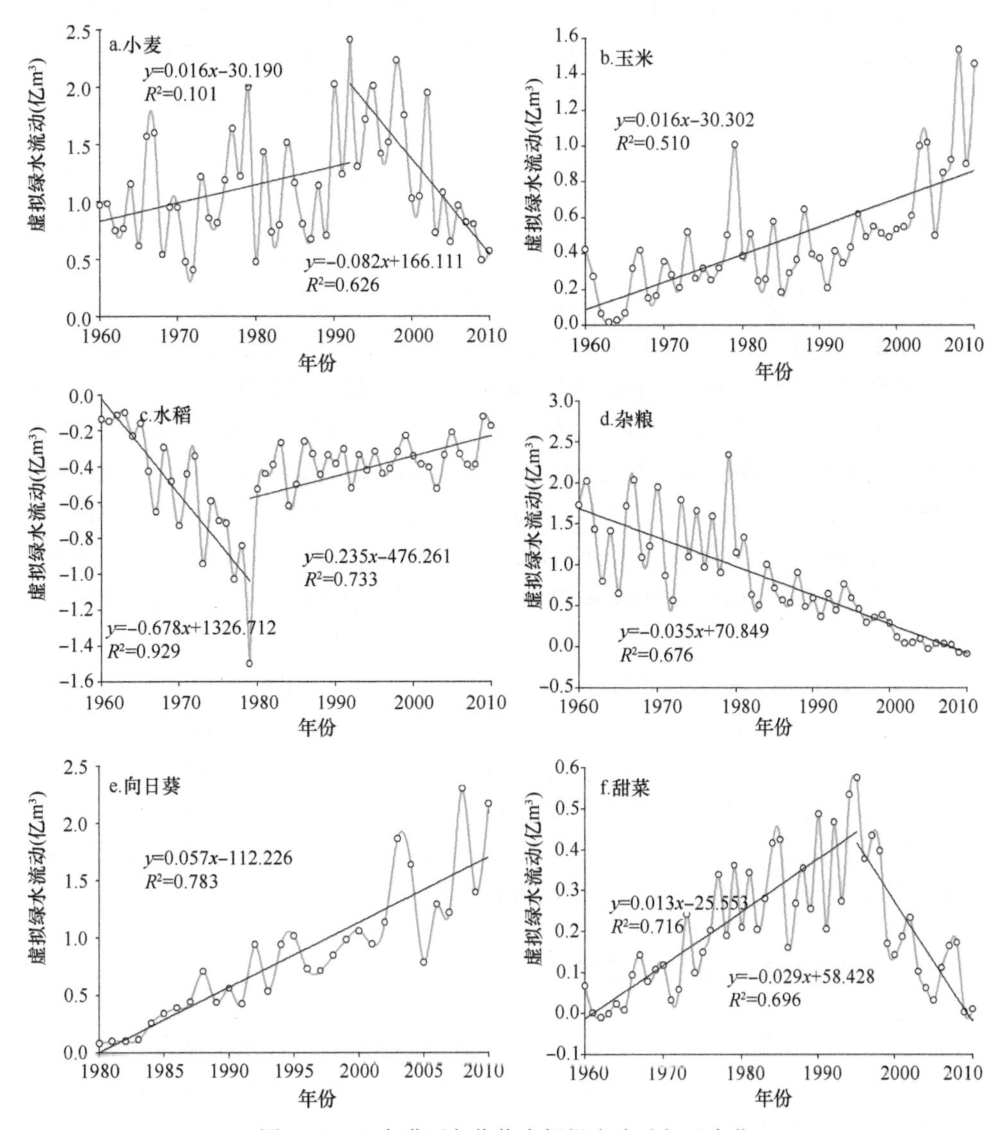

图 5-17　河套灌区各作物虚拟绿水流动年际变化

正值为流出，负值为流入

从图 5-17a 可看出，河套灌区小麦虚拟绿水流动在 1990s 之前波动变化，数值略有增加，之后呈现快速下降。1960s、1970s 和 1980s，小麦虚拟绿水流动量平均值分别为 0.99 亿 m^3、1.08 亿 m^3 和 0.95 亿 m^3。1992 年虚拟绿水流动量达到最大值，其数值为 2.41 亿 m^3。之后，灌区农业用水效率的提高成为影响小麦虚拟绿水输出量的主要因素，小麦虚拟绿水输出量以 0.08 亿 m^3 的年均速率开始波动下降，至 2010 年减小为 0.57 亿 m^3。

从图 5-17b 可看出，1960~2010 年玉米虚拟绿水流动呈现波动上升趋势，且其波动幅度要大于虚拟蓝水。1960 年，玉米虚拟绿水输出量为 0.42 亿 m^3。此后，灌区玉米种植面积的增加使得其对外输出量不断增加，2010 年，玉米虚拟绿水输出量上升至 1.46 亿 m^3。1960~2010 年年均增加速率为 0.02 亿 m^3。

1960 年，灌区由于水稻调入，而输入虚拟绿水 0.14 亿 m^3（图 5-17c）。1960s 和 1970s，由于消费需求的增加，水稻虚拟绿水流入量以年均 0.68 亿 m^3 的速率快速增加，至 1979 年达到最大值（1.50 亿 m^3）。自 1980s 开始，虚拟绿水流入量开始波动下降，至 2010 年，减小为 0.17 亿 m^3。

如图 5-17d 所示，1960~2010 年杂粮虚拟绿水流动呈现波动下降趋势，且其波动幅度要大于虚拟蓝水。1960 年，杂粮虚拟绿水输出量为 1.73 亿 m^3，之后由于其播种面积不断减小，对外输出能力减弱，虚拟绿水输出量以年均 0.04 亿 m^3 的速率逐年减少。在 2005 年、2009 年和 2010 年，杂粮虚拟绿水流动方向由输出转变为输入，其虚拟绿水流入量分别为 0.03 亿 m^3、0.07 亿 m^3 和 0.09 亿 m^3。

自 1980s 开始，河套灌区开始输出向日葵，且其对应虚拟绿水输出量不断增加（图 5-17e）。1980s、1990s 和 2000s 向日葵虚拟绿水输出量平均值分别为 0.30 亿 m^3、0.77 亿 m^3 和 1.37 亿 m^3。研究时段的年均上升速率为 0.06 亿 m^3。

1960~2010 年，甜菜虚拟绿水流动同时出现流入与流出现象（图 5-17f）。1962 和 1963 年，灌区甜菜生产不能完全满足其需求，其虚拟绿水流动表现为流入，流入数值分别为 0.01 亿 m^3 和 0.0004 亿 m^3。其他年份甜菜虚拟蓝水流动表现为流出，其流出量在研究时段内呈现先增后减趋势，其最大值出现年份与虚拟水流动、虚拟蓝水流动不同，为 1995 年，其数值为 0.58 亿 m^3。之后虚拟绿水流动量以每年 0.03 亿 m^3 的速率下降，至 2010 年，为 0.01 亿 m^3。

5.3.4 总体虚拟水流动演变过程

了解作物总体虚拟水流动情况，对区域水资源管理具有重要意义。统筹考虑主要作物虚拟水流出及流入情况，可得到河套灌区作物总体虚拟水流动的时间演变过程，如图 5-18 所示。

图 5-18 给出了作物总体虚拟水流动在 1960~2010 年的变化趋势。由图 5-18a 可知，研究时段内作物总体虚拟水流出量呈现波动上升趋势，这与河套灌区日益增长的作物生产输出能力密切相关。1960 年，作物总体虚拟水流出量为 20.94 亿 m^3。

之后该数值以平均每年 0.24 亿 m^3 的速率增加，至 2010 年，该值增加为 32.75 亿 m^3，为 1960 年数值的 1.56 倍。研究时段内，作物总体虚拟水流出量的最大值出现在 1999 年，为 35.87 亿 m^3。

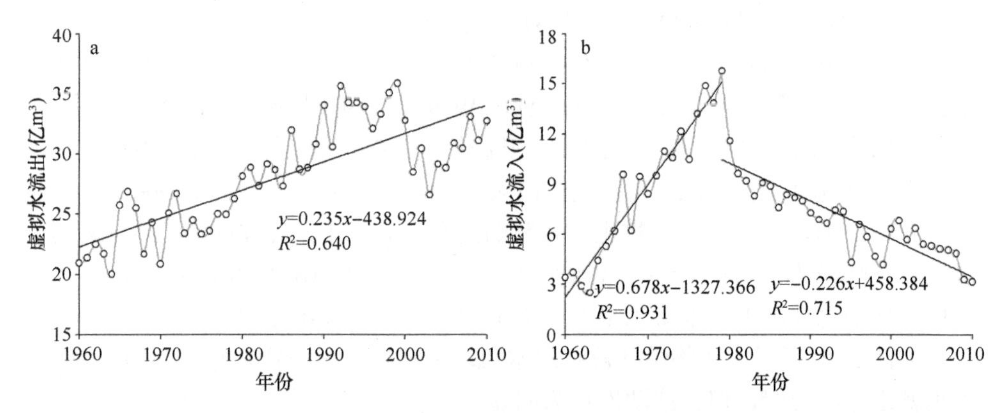

图 5-18　河套灌区作物总体虚拟水流动年际变化

与作物总体虚拟水流出量不同，作物总体虚拟水流入量在研究时段内呈现先增后减趋势（图 5-18b）。1960 年，河套灌区因作物调入，而以虚拟形式输入水资源 3.40 亿 m^3，之后该数值以每年 0.68 亿 m^3 的平均速率增加，至 1979 年达到其最大值（15.79 亿 m^3）。之后，主要由于作物生产效率的提高，灌区作物总体虚拟水流入量呈现波动下降趋势，至 2010 年，作物总体虚拟水流入量减小为 3.16 亿 m^3。该时段内，作物总体虚拟水流入量的多年平均下降速率为 0.23 亿 m^3。

统筹考虑主要作物虚拟蓝水流出及流入情况，可得到河套灌区作物总体虚拟蓝水流动的时间演变过程，如图 5-19 所示。

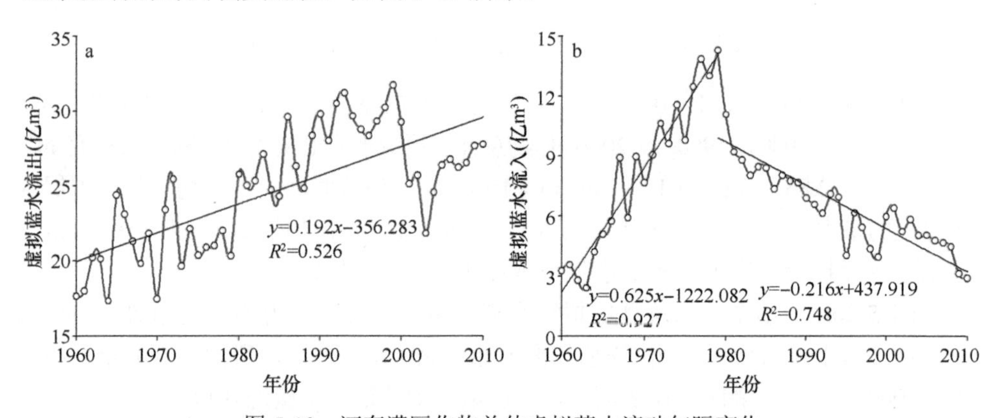

图 5-19　河套灌区作物总体虚拟蓝水流动年际变化

由图 5-19a 可知，与作物总体虚拟水流出量类似，研究时段内灌区作物总体虚拟蓝水流出量呈现波动上升趋势，这同样与河套灌区日益增长的作物生产输出能力密切相关。1960 年，作物总体虚拟蓝水流出量为 17.64 亿 m^3。之后该数值以平均每年 0.19 亿 m^3 的速率增加，至 2010 年，该值增加为 27.77 亿 m^3，为 1960 年数值的 1.57 倍。与作物总体虚拟水流出类似，研究时段内，作物总体虚拟蓝水流出量的最大值出现在 1999 年，为 31.73 亿 m^3。

如图 5-19b 所示，与作物总体虚拟蓝水流出量不同，作物总体虚拟蓝水流入量在研究时段内呈现先增后减趋势。1960~1979 年，因作物调入量的增加，河套灌区的作物总体虚拟水流入量呈现波动上升趋势，其多年平均上升速率为 0.63 亿 m^3。1979 年作物总体虚拟水流入量达到其最大值（14.29 亿 m^3），该值为 1960 年数值的 4.38 倍。之后，主要由于作物生产效率的提高，灌区作物总体虚拟蓝水流入量呈现波动下降趋势，至 2010 年，作物总体虚拟蓝水流入量减小为 2.90 亿 m^3。该时段内，作物总体虚拟蓝水流入量的多年平均下降速率为 0.22 亿 m^3。

如图 5-20 所示，作物总体虚拟绿水流动量变化情况与作物总体虚拟水流动、虚拟蓝水流动类似，但其波动性更为明显。

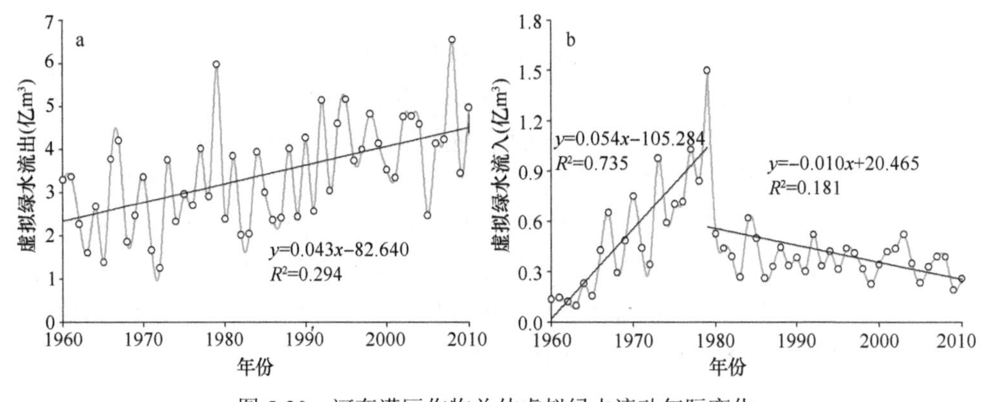

图 5-20　河套灌区作物总体虚拟绿水流动年际变化

如图 5-20a 所示，1960~2010 年作物总体虚拟绿水流出量呈现波动上升趋势，1960s、1970s、1980s、1990s 及 2000s 作物总体虚拟绿水流出量数值分别为 2.69 亿 m^3、3.10 亿 m^3、2.85 亿 m^3、4.15 亿 m^3 和 4.19 亿 m^3。研究时段内，作物总体虚拟绿水流出量的最大值出现在 2008 年，为 6.55 亿 m^3，1979 年数值稍低，为 5.98 亿 m^3。作物总体虚拟绿水流出量的最小值出现在 1972 年，为 1.26 亿 m^3。

图 5-20b 给出了作物总体虚拟绿水流入量在研究时段内的变化趋势。与作物总体虚拟绿水流出量不同，作物总体虚拟绿水流入量在研究时段内呈现先增后减趋势。1960 年，河套灌区因作物调入，而以虚拟形式输入水资源 0.14 亿 m^3，之后该数值以每年 0.05 亿 m^3 的平均速率增加，至 1979 年达到其最大值（1.50 亿 m^3），该数值为 1960 年数值的 10.71 倍。之后，灌区作物总体虚拟绿水流入量呈现波动下降趋势，1980s、1990s 及 2000s 作物总体虚拟绿水流入量分别为 0.41 亿 m^3、

0.37 亿 m^3 及 0.36 亿 m^3。作物总体虚拟绿水流入量在 2010 年数值为 0.26 亿 m^3，仅为研究时段内最大值的 17.33%。

5.4　河套灌区作物虚拟水流动影响因素分析

确定区域间虚拟水流动的影响因素有利于优化现有的作物生产和贸易模式，从而缓解区域水资源紧缺现状。利用相关分析方法，定性确定了河套灌区整体虚拟水流动的主要影响因素，在此基础上，结合数理统计知识与回归分析，对各因素的贡献率进行量化，并针对虚拟水流动的可能调控措施进行了初步探讨。

5.4.1　虚拟水流动影响因素定性分析

区域间粮食贸易引起的虚拟形态的水资源的转移行为，一方面受该区域作物生产用水影响，另一方面受区域作物消费行为影响。作物生产用水主要由气象要素与农业生产要素共同决定，而作物消费行为主要受区域经济社会要素驱动。因此，为定性确定河套灌区虚拟水流动的主要影响因素，结合河套灌区现有数据，采用 SPSS 软件，分别就气象要素（年平均气温和年平均降水）、农业生产要素（作物单产、播种面积、灌溉水利用系数和灌溉水价）、经济社会要素（人口数量、城镇化比例、国民生产总值和作物零售价格指数）三类指标与灌区虚拟水流动量进行 Pearson 相关分析。结果见表 5-6~表 5-8。

表 5-6　作物虚拟水流动与气象要素的 Pearson 相关系数

气象要素	相关关系	虚拟水流动（亿 m^3）									
		水稻	小麦	玉米	杂粮	向日葵	瓜类	蔬菜	番茄	油料	甜菜
年平均气温（℃）	Pearson 相关系数	−0.200	0.086	0.528**	−0.260	0.393**	0.331*	−0.037	0.251	0.478**	0.332*
	双尾检验显著性	0.159	0.549	0.000	0.071	0.004	0.018	0.795	0.076	0.000	0.017
年平均降水（mm）	Pearson 相关系数	−0.114	0.016	0.065	−0.148	0.058	0.048	0.372*	0.081	0.061	0.351*
	双尾检验显著性	0.424	0.911	0.650	0.299	0.685	0.739	0.010	0.571	0.671	0.014

注：显著性：*. $p < 0.05$，**. $p < 0.01$

表 5-6 列出了年平均气温、年平均降水两个要素与河套灌区虚拟水流动量的相关关系。由表 5-6 可看出，玉米、向日葵和油料虚拟水流动量与年平均气温呈极显著正相关关系（p<0.01），瓜类和甜菜虚拟水流动量与年平均气温呈显著正相关关系（p<0.05）。气温会影响空气的持水特性，一般而言，气温越高，作物生产消耗的水资源量就会越大。在其他要素不变的情况下，随着气温升高，虚拟水流动量就会变大。这与表 5-6 所示的河套灌区多数虚拟水流动量与年平均气温呈正相关关系一致。

表 5-7 各作物虚拟水流动与农业生产要素的 Pearson 相关系数

农业生产要素	相关关系	虚拟水流动（亿 m^3）									
		水稻	小麦	玉米	杂粮	向日葵	瓜类	蔬菜	番茄	油料	甜菜
作物单产（t/hm^2）	Pearson 相关系数	0.086	0.335*	0.659**	–0.228	0.771**	0.884**	0.034	0.732**	0.825**	0.332*
	双尾检验显著性	0.550	0.017	0.000	0.108	0.000	0.000	0.815	0.000	0.000	0.017
播种面积（万 hm^2）	Pearson 相关系数	0.336*	0.951**	0.975**	0.988**	0.989**	0.995**	0.397**	0.999**	0.864**	0.991**
	双尾检验显著性	0.016	0.000	0.000	0.000	0.000	0.000	0.004	0.000	0.000	0.000
灌溉水利用系数	Pearson 相关系数	–0.399**	–0.855**	0.099	–0.959**	0.077	–0.837**	–0.396**	0.056	0.087	–0.705**
	双尾检验显著性	0.004	0.000	0.489	0.000	0.589	0.000	0.005	0.697	0.548	0.000
灌溉水价 [a]（10^{-3} 元/m^3）	Pearson 相关系数	–0.490**	–0.778**	0.035	–0.902**	0.128	–0.903**	–0.331*	0.120	0.227	–0.632**
	双尾检验显著性	0.000	0.000	0.810	0.000	0.372	0.000	0.018	0.400	0.110	0.000

注：a. 基于 1960 年不变价格；显著性：*. $p < 0.05$，**. $p < 0.01$

表 5-8　各作物虚拟水流动与社会经济要素的 Pearson 相关系数

社会经济要事	相关关系	虚拟水流动（亿 m^3）									
		水稻	小麦	玉米	杂粮	向日葵	瓜类	蔬菜	番茄	油料	甜菜
人口数量（万人）	Pearson 相关系数	–0.862**	–0.751**	0.254	–0.907**	0.141	–0.647**	–0.417**	0.034	0.247	–0.400**
	双尾检验显著性	0.000	0.000	0.072	0.000	0.325	0.000	0.002	0.814	0.084	0.004
城镇化比例（%）	Pearson 相关系数	–0.451**	–0.167	0.086	–0.940**	0.027	–0.816**	–0.733**	0.155	0.024	–0.760**
	双尾检验显著性	0.001	0.246	0.547	0.000	0.860	0.000	0.000	0.278	0.868	0.000
国民生产总值 [a]（元/人）	Pearson 相关系数	–0.424**	–0.772**	0.093	–0.953**	0.033	–0.771**	–0.046	0.068	0.165	–0.833**
	双尾检验显著性	0.002	0.000	0.515	0.000	0.816	0.000	0.750	0.634	0.248	0.000
作物零售价格指数 [a]	Pearson 相关系数	0.525**	0.071	0.726**	–0.253	0.929**	0.803**	0.046	0.576**	0.771**	0.060
	双尾检验显著性	0.000	0.623	0.000	0.075	0.000	0.000	0.750	0.000	0.000	0.675

注：a. 基于 1960 年不变价格；显著性：*. $p < 0.05$，**. $p < 0.01$

分析年平均降水与灌区虚拟水流动量关系发现，研究时段内，蔬菜和甜菜两种作物的虚拟水流动量与年平均降水在 0.05 水平上呈显著相关关系，Pearson 相关系数分别为 0.372 和 0.351。河套灌区降水量较小，年际变化较大，灌区作物生产耗水主要来自灌溉水，因此有些作物的虚拟水流动量并未与年平均降水呈现显著相关关系。

表5-7给出了农业生产相关要素与灌区虚拟水流动量的Pearson相关系数及显著性。河套灌区多数作物虚拟水流动量与作物单产呈显著正相关关系，其中玉米、向日葵、瓜类、番茄和油料作物的虚拟水流动量与单产的相关关系呈极显著水平。在消费水平不变的情况下，作物单产的提高有助于提高灌区的作物生产输出能力，进而产生更大的虚拟水流出量。分析虚拟水流动量与播种面积的关系发现，除水稻虚拟水流动量与其播种面积在 0.05 水平上显著相关外，其他虚拟水流动量与播种面积均在 0.01 水平上呈极显著相关。播种面积的增加，使得作物生产的对外输出能力增加（水稻为调入需求减小），从而对应较大的虚拟水流出量（水稻为较小的虚拟水流入量），即较大的虚拟水流动量。

河套灌区作物生产主要依靠灌溉水，因此区域灌溉工程是否运行合理，渠道衬砌是否良好，田间灌溉方式是否合理均会影响作物生产耗水量，进而影响虚拟水流动量。分析灌溉水利用系数与虚拟水流动量发现，灌区包括杂粮、小麦、瓜类等多种作物的虚拟水流动量与灌溉水利用系数呈极显著负相关关系。灌溉水价的提高有助于促使农民在农业生产过程中节约水资源，从而减小虚拟水流动量。正如表 5-7 中，水稻、小麦、杂粮、瓜类和甜菜虚拟水流动量与灌溉水价呈极显著负相关关系，蔬菜虚拟水流动量与灌溉水价呈显著负相关关系一致。

由表 5-8 可看出，虚拟水流动量与人口数量、城镇化比例和国民生产总值主要呈显著负相关关系。人口数量的增加通常意味着消费需求的增加，而城镇化比例和国民生产总值的提高，通常对应较高的经济社会发展水平及较高的消费需求，因此人口数量、城镇化比例和国民生产总值的增加均会一定程度减弱灌区的作物对外输出能力，从而减小虚拟水流动量。

经济效益是农业生产的重要驱动因素之一，因此作物零售价格的提高通常会刺激该作物生产，使得更多的水资源被用于农业生产，进而以虚拟水的形式调出生产区域，即带来较大的虚拟水流动量。这与河套灌区水稻、玉米、向日葵、瓜类、番茄和油料虚拟水流动量与零售价格指数在 0.01 水平上呈极显著正相关关系一致。

5.4.2 虚拟水流动影响因素定量分析

虚拟水流动主要受气象要素、农业生产要素及经济社会要素影响，结合河套灌区实际及数据情况，选择年平均气温、年平均降水、作物单产、作物播种面积、灌溉水利用系数、灌溉水价、人口数量、城镇化比例、国民生产总值和作物零售价格指数，共计 3 类 10 个指标，计算其贡献率，以此来量化各因素对灌区虚拟水流动量的影响。

某一因素对虚拟水流动量的贡献率指的是由于该因素在某一时期增量所引起的虚拟水流动量的增量，占该时期虚拟水流动量总增量的比例。

各因素贡献率的计算公式为

$$\delta_i = \alpha_i \times \frac{\Delta x_i}{x_i} \Big/ \frac{\Delta y}{y} \times 100\% \tag{5-7}$$

式中，δ_i 为影响因素 x_i 的贡献率；α_i 为影响因素 x_i 的弹性系数，其数值确定主要是采用多元回归分析；Δx_i 为影响因素 x_i 的变化量；Δy 为因变量 y 的变化量，这里 y 指的是灌区虚拟水流动量。

研究时段内，河套灌区既存在作物调出行为，又存在作物调入行为，因此其作物总体的虚拟水流动同时包括流出与流入现象。虚拟水流出与虚拟水流入对灌区水资源管理具有不同的影响，因此分别对作物总体虚拟水流出与作物总体虚拟水流入的影响因素进行量化分析。

研究时段内，灌区虚拟水流出量的主要影响因素为作物单产、灌溉水利用系数、作物播种面积和年平均气温（表 5-9）。其中作物单产、作物播种面积和年平均气温数值的增大会使得作物生产过程水资源消耗量增加，促使更多的水资源以虚拟形式流出，这 3 个因素对虚拟水流出量变化的贡献率分别为 84.22%、9.21% 和 4.35%。灌溉水利用系数的提高会造成作物生产耗水量减小，进一步促使虚拟水流出量减小，其对虚拟水流出量的贡献率为–14.68%。这 4 个因素对灌区虚拟水流出量的贡献率之和为 83.10%。说明灌区虚拟水流出量变化的 83.10%可以通过这 4 个因素解释。

表 5-9　各影响因子对灌区虚拟水流出量的贡献率

影响因子	弹性系数	变化率（%）	贡献率（%）
作物单产	0.303	4.39	84.22
灌溉水利用系数	–0.675	0.34	–14.68
作物播种面积	0.739	0.20	9.21
年平均气温	0.234	0.29	4.35
加和			83.10
其他因子			16.90

注：正值说明该因子的增加促进虚拟水流出量增加，负值说明该因子的增加促进虚拟水流出量减小

河套灌区的虚拟水流入量在研究时段表现为先增后减两个不同的阶段，因此将虚拟水流入量分为两个阶段，分别进行影响因素量化分析，结果见表 5-10。

1960~1979 年，灌区虚拟水流入量的增加主要受人口数量和城镇化比例影响。人口数量和城镇化比例的增加均会使作物消费需求增大，从而对应更大的作物调入量，进而促使虚拟水流入量增大。该时段虚拟水流入量变化的 93.57%均可以通过这两个因素解释，其中人口数量因素占 84.39%，城镇化比例因素占 9.18%。1980~2010 年，虚拟水流入量减小的主要影响因素为作物零售价格指数和人口数量，这两个因素对虚拟水流入量变化的贡献率分别为 89.52%和–2.01%。零售价格指数的提高，会促进当地作物生产，从而使得灌区的调入需求减小，促进虚拟水流入量减小。人口数量的增加会带来更大的调入需求，因此其增加会阻碍该时段虚拟水流入量的减小。

表 5-10 各影响因子对灌区虚拟水流入量的贡献率

研究时段	影响因子	弹性系数	变化率（%）	贡献率（%）
1960~1979 年	人口数量	2.276	3.12	84.39
	城镇化比例	1.324	0.58	9.18
	加和			93.57
	其他因子			6.43
1980~2010 年	零售价格指数 [a]	–0.611	4.82	89.52
	人口数量	0.207	0.32	–2.01
	加和			87.51
	其他因子			12.49

注：a. 基于 1960 年不变价格；1960~1979 年贡献率正值说明该因子的增加促进虚拟水流入量增加，负值说明该因子的增加促进虚拟水流入量减小；1980~2010 年贡献率正值说明该因子增加促进虚拟水流入量减小，负值说明该因子增加促进虚拟水流入量增加

5.4.3 虚拟水流动调控措施探讨

虚拟水流动将区域作物生产与消费行为联系起来，为改善现有水资源管理、缓解水资源压力提供了一条新思路。研究时段内，河套灌区由于作物外调，产生了大量的虚拟水流出，同时水稻和其他作物的调入，使得河套灌区同时存在一定数量的虚拟水流入。根据相关学者研究，虚拟水流出在一定意义上，意味着水资源“损失”，即大量的水资源嵌入在农产品中流向其他区域，而不能再用于灌区内其他行业生产，尤其是那些比种植业产生更大经济效益的行业；而虚拟水流入意味着本地区水资源“节约”，即灌区不必消耗内部水资源来生产这些作物，可以将这些“节约”的水资源用于其他行业生产（Zhang et al.，2011；Bulsink et al.，2010；Chapagain et al.，2006）。因此，从灌区角度出发，河套灌区的虚拟水流动调控目标为适当减小虚拟水流出量，增加虚拟水流入量，提高用水效率。

结合河套灌区现有农业生产和经济社会条件，可以通过以下措施来调整灌区现有的虚拟水流动模式。

（1）提高灌溉水利用系数

河套灌区约 90%的作物生产用水来自灌溉，灌溉水利用系数的提高有利于减少作物生产耗水量，进而减小虚拟水流出量。目前，河套灌区灌溉水利用系数较低。2010 年灌区平均灌溉水利用系数仅为 0.420，明显低于全国平均水平。未来，更合理灌溉方式及更先进灌溉技术的应用，都将有助于减小灌区虚拟水流出量。

（2）合理控制作物播种面积

合理控制作物播种面积的增加，有利于减小虚拟水流出量。但需要注意，河套灌区是我国重要的农业生产基地，其农业生产影响很多区域的经济社会稳定，因此，灌区种植面积的调控需要综合考虑灌区内部和区域外部的自然、经济和社会条件。

（3）其他措施

此外，调整作物种植结构，减少高耗水型作物种植面积，也有利于减小灌区虚拟水流出量。同时，农业节水新技术、新政策的应用与实施，均有利于调整灌区虚拟水流动量，但均需同时考虑区域粮食安全与经济社会稳定等因素。

5.5　河套灌区虚拟水流动对区域水资源影响评价

5.5.1　虚拟水流动对区域水资源压力贡献率

将所有作物统筹考虑，可得到河套灌区作物虚拟水流出、虚拟水流入及净虚拟水流出对区域水资源压力贡献率的年际变化。

由图 5-21a 可知，研究时段内作物虚拟水流出对区域水资源压力的贡献率呈波动上升趋势，这与河套灌区日益增长的作物虚拟水流出量密切相关。1960 年，区域总用水量的 43.41%是用于输出农产品，之后该数值以 0.44%的年均速率波动上升，至 2010 年，灌区作物虚拟水流出对区域水资源压力的贡献率高达 73.62%。

与作物虚拟水流出不同，河套灌区作物虚拟水流入在研究时段内呈现先增后减趋势，因此其虚拟水流入对区域水资源压力的贡献率也呈现类似趋势（图 5-21b）。1960 年，河套灌区因作物调入对区域水资源压力的贡献率为 8.64%，之后该数值以每年 1.72%的平均速率增加，至 1979 年达到最大值（41.36%）。之后，受灌区作物虚拟水流入下降影响，其对水资源压力的贡献率波动下降，至 2010 年，减小为 7.10%。

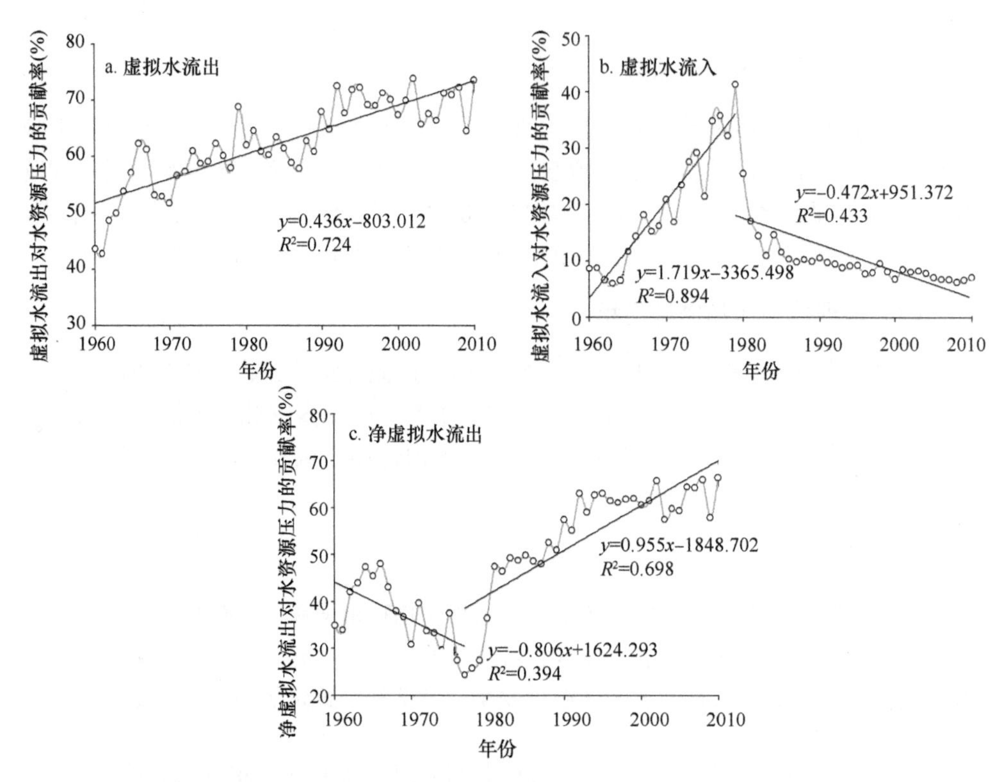

图 5-21 河套灌区作物虚拟水流动对水资源压力的贡献率

综合考虑虚拟水流出与流入发现，净虚拟水流出对区域水资源压力的贡献率在 1960~2010 年呈现先减后增趋势。1960 年，净虚拟水流出对灌区水资源压力的贡献率为 34.97%，之后受净虚拟水流出量减小的影响，其对灌区水资源压力的贡献率以年均 0.81%的速率波动下降，至 1977 年，达到其最小值（24.40%）。之后，净虚拟水流出量有所增加，其对水资源压力的贡献率呈波动上升趋势，至 2010 年，达到 66.52%。

5.5.2 粮食作物和经济作物净虚拟蓝水流出占引黄水量的比例

图 5-22a 和图 5-22b 分别给出了粮食作物净虚拟蓝水流出占引黄水量比例的年际变化及经济作物净虚拟蓝水流出占引黄水量比例的年际变化。1960 年灌区约 1/4 的引黄水量均用于粮食作物贸易，以虚拟水的形式输出到其他地区。之后，该比例波动下降，1979 年达到其研究时段内最小值，为 11.47%。之后受虚拟水流动量和引黄水量变化影响，该比例呈现先增后减趋势，至 2010 年，粮食作物净虚拟蓝水流出占引黄水量比例减小为 18.16%。

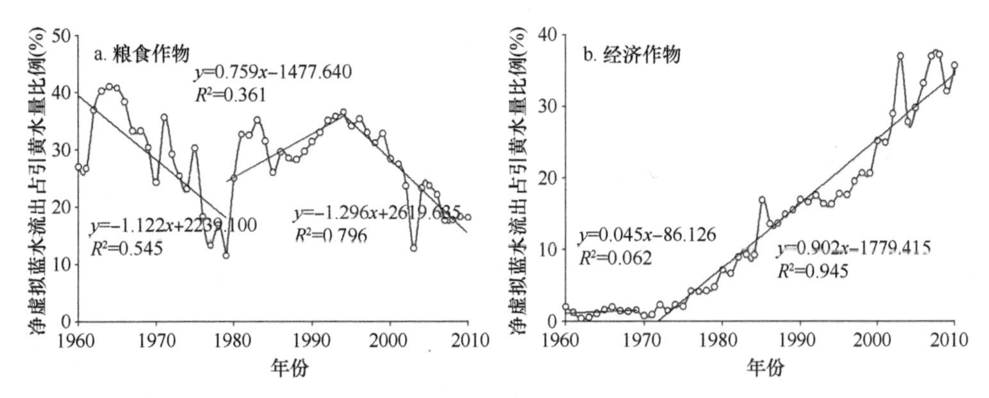

图 5-22　河套灌区粮食作物与经济作物净虚拟蓝水流出占引黄水量的比例

相对粮食作物，经济作物净虚拟蓝水流出占引黄水量比例的年际变化相对简单(图 5-22b)。1960s 经济作物净虚拟蓝水流出占引黄水量比例在 1.32%附近波动。至 2010 年，其数值增加至 35.74%，说明超过 1/3 的引黄水量都以虚拟水形式嵌入在输出的经济作物中，用来满足灌区外居民的消费需求。

作物净虚拟蓝水流出占引黄水量的比例在研究时段内呈现先减后增的变化趋势（图 5-23）。1960 年，灌区引黄水量的约 30%用于净输出作物的生产。之后，该比例以年均 0.95%的速率波动上升，至 1979 年达到研究时段最小值，为 16.23%。之后主要受作物净虚拟蓝水变化影响，作物净虚拟蓝水流出占引黄水量的比例以年均 0.670%的速率波动上升，至 2010 年，增加至 53.90%。

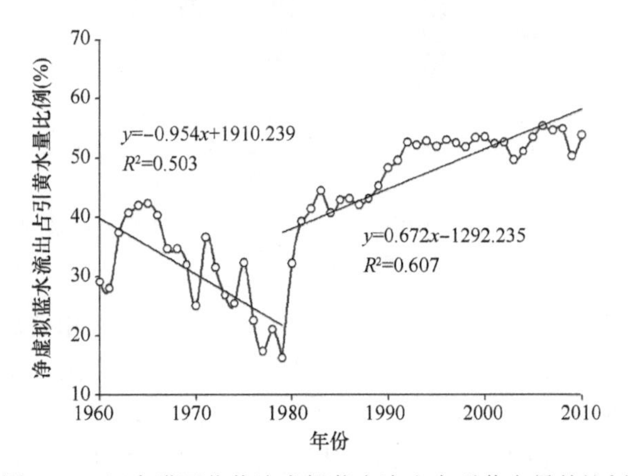

图 5-23　河套灌区作物净虚拟蓝水流出占引黄水量的比例

5.5.3　水资源节约量

河套灌区各旗（县、区）间农产品水资源生产效率不同，利用公式（4-38），得到灌区因各旗（县、区）间农产品贸易相关虚拟水流动产生的灌区尺度水资源节约量、蓝水资源节约量及绿水资源节约量的年际变化过程，如图 5-24~图 5-26 所示。

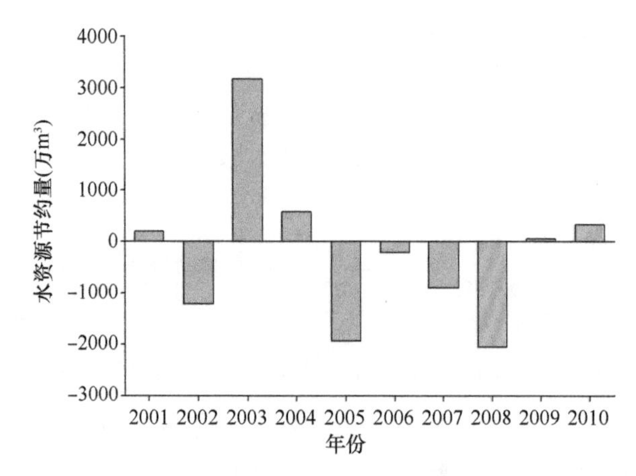

图 5-24　2001~2010 年河套灌区作物总体水资源节约量

正值为水资源节约，负值为水资源损失

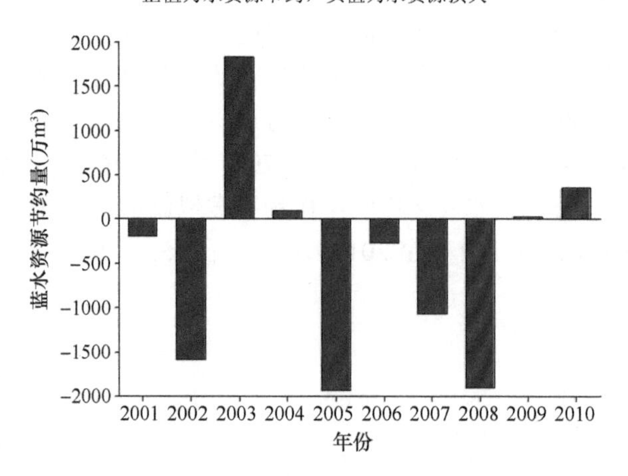

图 5-25　2001~2010 年河套灌区作物总体蓝水资源节约量

正值为水资源节约，负值为水资源损失

由图 5-24 可知，灌区因各旗（县、区）间农产品贸易相关虚拟水流动在研究时段内同时产生了水资源节约和水资源损失现象。其中，出现水资源节约的年份包括 2001 年、2003 年、2004 年、2009 年和 2010 年，说明这些年份农产品贸易主要是从水资源生产效率较高的旗（县、区）向水资源生产效率较低的旗（县、区）。水资源节约量的最大值出现在 2003 年，为 3164.54 万 m^3，最小值出现在 2009 年，为 51.36 万 m^3，仅为最大值的 1.62%。其他年份的作物贸易主要是从生产效率较低旗（县、区）流向生产效率较高旗（县、区），因而产生了一定数量的水资源损失现象。水资源损失量的最大值和最小值分别出现在 2008 年和 2006 年，其值分别为 2058.66 万 m^3 和 207.37 万 m^3。

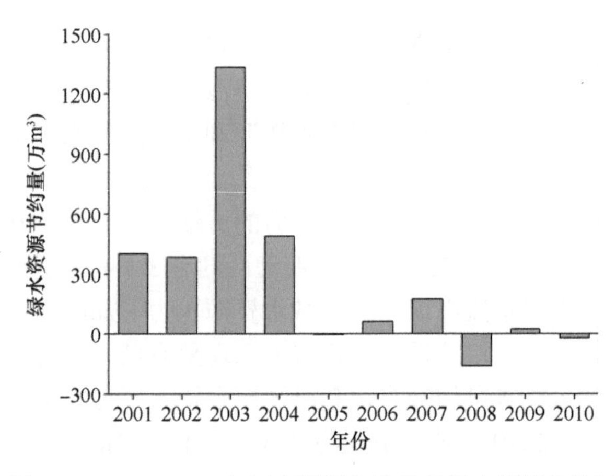

图 5-26　2001~2010 年河套灌区作物总体绿水资源节约量

正值为水资源节约，负值为水资源损失

灌区因各旗（县、区）间农产品贸易相关虚拟水流动在研究时段内同时产生了蓝水资源节约和蓝水资源损失现象（图 5-25）。其中，出现蓝水资源节约的年份较少，包括 2003 年、2004 年、2009 年和 2010 年，说明这些年份作物贸易主要是从蓝水资源生产效率较高的旗（县、区）流向生产效率较低的旗（县、区）。蓝水资源节约量的最大值出现在 2003 年，为 1830.50 万 m^3，最小值出现在 2009 年，为 27.61 万 m^3。其他大多数年份的作物贸易主要是从蓝水资源生产效率较低旗（县、区）流向生产效率较高旗（县、区），因而产生了一定数量的蓝水资源损失现象。蓝水资源损失量的最大值和最小值分别出现在 2005 年和 2001 年，其值分别为 1932.99 万 m^3 和 192.99 万 m^3。

灌区因各旗（县、区）间农产品贸易相关虚拟水流动在研究时段内除少数年份产生了绿水资源损失外，其余多数年份均表现为绿水资源节约现象（图 5-26）。其中，绿水资源节约量的最大值出现在 2003 年，为 1334.04 万 m^3，最小值出现在 2009 年，为 23.75 万 m^3。2005 年、2008 年和 2010 年，作物贸易主要是从绿水生产效率较低旗（县、区）流向生产效率较高旗（县、区），因而产生了一定数量的绿水资源损失。绿水资源损失量在 2008 年较大，为 156.81 万 m^3，在 2005 年和 2010 年较小，分别为 0.66 万 m^3 和 19.24 万 m^3。

5.5.4　水资源利用可持续性分析

河套灌区水资源压力较大，明显高于中国北方均值。这与灌区是重要的农业生产基地，大量的水资源用于农业生产，以及气候变化和人类活动影响下灌区水资源供应量日益减少密切相关。然而现有的水资源可持续评价指标缺乏从虚拟水角度对区域水资源利用可持续性的评价。本研究尝试建立了基于虚拟水流动的水资源利用评价指标体系，包括虚拟水流动对水资源压力的贡献率、净虚拟蓝水流出占引黄水量的比例、虚拟水流动产生的水资源节约量及虚拟水流动的节水效率等不同指标，拟从虚拟水角度反映现有水资源利用对区域水资源压力的影响，进而评价区域水资源利用的可持续性。

河套灌区虚拟水流出对区域水资源压力的贡献率在 1960~2010 年呈现波动上升趋势，2010 年其数值高达 73.26%，说明灌区约有 3/4 的水资源使用量都是用于生产输出的作物，虚拟水流出现象对区域水资源压力的加剧作用日趋显著，灌区水资源利用呈现相对不可持续性。虚拟水流入现象有助于缓解灌区现有的水资源压力，但随着虚拟水流入量的减小，其对区域水资源压力的缓解作用自 1980s 开始呈波动下降趋势，2010 年该数值仅为 7.10%，不足虚拟水流出对区域水资源压力影响的 1/10。

蓝水资源和绿水资源具有不同的特性，通常而言，蓝水资源具有较高的机会成本，其使用也具有较大的环境影响（Aldaya et al.，2010b）。如何减小农业生产中蓝水资源的消耗量，将更多的蓝水资源用于其他部门的生产已成为很多国家和地区的目标。黄河是河套灌区的主要水源，分析虚拟蓝水流动对引黄水量的影响对河套灌区的水资源管理具有重要意义。分析发现作物净虚拟蓝水流出占引黄水量的比例自 1980s 开始波动上升，至 2010 年高达 53.90%。如此高比例的蓝水资源输出，挤占了灌区其他行业的蓝水使用，反映了灌区现有水资源利用模式不利于水资源的可持续利用。

灌区因各旗（县、区）间农产品贸易相关虚拟水流动水资源节约量的分析能反映现有虚拟水流动模式下，整个区域是否实现了相对合理的水资源使用，即能否提高水资源利用效率，是否能促进水资源利用的可持续性。分析 2001~2010 年灌区内部虚拟水流动发现，其多年平均水资源节约量为负值，且水资源损失量占虚拟水流动量的比例在某些年份接近 40%，表明现有水资源利用模式具有不合理之处，不利于实现灌区水资源可持续利用。

综合上述分析发现，河套灌区现有的水资源利用模式存在相对不合理之处，不利于其可持续发展。随着水资源短缺现象日益严峻，越来越多的区域协商开始涉及虚拟水流动，并开始认识到其在水资源管理中的重要作用（Lenzen et al.，2013）。基于虚拟水流动的区域水资源可持续利用评价指标，为区域水资源管理提供了一种新思路，但是需要注意，未来虚拟水贸易策略的实施必须结合区域特色，将其他自然、社会、经济、环境和政治要素考虑在内，而不是将虚拟水贸易策略独立出来，以实现水资源的可持续利用（Yang et al.，2013；Yang and Zehnder，2007）。

参考文献

纪明山. 2011. 农药对农业的贡献及发展趋势. 新农业, (4): 43-44.

李计初. 2012. 强化农业用水管理 保障粮食安全生产——访西北农林科技大学副校长、国家节水灌溉杨凌工程技术研究中心主任吴普特. 中国水利, (6): 16-25.

刘静. 2015. 近 50 年来河套灌区作物虚拟水流动演变过程与可持续性研究. 西北农林科技大学博士学位论文.

孙世坤. 2014. 近 50 年来河套灌区作物生产水足迹时空演变过程研究. 中国科学院大学博士学位论文.

王丹. 2009. 气候变化对中国粮食安全的影响与对策研究. 华中农业大学博士学位论文.

Aldaya M M, Allan J A, Hoekstra A Y. 2010b. Strategic importance of green water in international crop trade. Ecological Economics, 69: 887-894.

Aldaya M M, Martinez-Santos P, Llamas M R. 2010a. Incorporating the water footprint and virtual water into policy: reflections from the Mancha Occidental Region, Spain. Water Resources Management, 24(5): 941-958.

Allen R G, Pereira L S, Raes D, et al. 1998. Crop Evapotranspiration–Guidelines for Computing Crop Water Requirements. FAO Irrigation and Drainage Paper 56. FAO, Rome, Italy.

Bockman O C. 1990. Agriculture and fertilizers: Fertilizers in perspective, their role in feeding the world, environmental challenges, are there alternatives? Oslo, Norway: Agricultural Group, Norsk Hydro: 123-128.

Brown L R. 1997. Facing the challenge of food scarcity: can we raise grain yields fast enough? *In*: Ando T, Fujita K, Mae T, et al. Plant Nutrition for Sustainable Food Production and Environment. Developments in Plant and Soil Sciences. Dordrecht: Springer: 15-24.

Bulsink F, Hoekstra A Y, Booij M J. 2010. The water footprint of Indonesian provinces related to the consumption of crop products. Hydrology and Earth System Sciences, 14(1): 119-128.

Chapagain A K, Hoekstra A Y, Savenije H H G. 2006. Water saving through international trade of agricultural products. Hydrology and Earth System Sciences, 10(3): 455-468.

FAO. 1981. Crop production level and Fertilizer use. FAO fertilizer and plant nutrition bulletin.

Hoekstra A Y, Chapagain A K, Aldaya M M, et al. 2011. The Water Footprint Assessment Manual: Setting the Global Standard. London and Washington, DC: Earthscan.

Lenzen M, Moran D, Bhaduri A, et al. 2013. International trade of scarce water. Ecological Economics, 94: 78-85.

Sun S K, Wu P T, Wang Y B, et al. 2013. The impacts of interannual climate variability and agricultural inputs on water footprint of crop production in an irrigation district of China. Science of the Total Environment, 444: 498-507.

Yang H, Pfister S, Bhaduri A. 2013. Accounting for a scarce resource: virtual water and water footprint in the global water system. Current Opinion in Environmental Sustainability, 5(6): 599-606.

Yang H, Zehnder A. 2007. "Virtual water": an unfolding concept in integrated water resources management. Water Resources Research, 43 (12): W12301.

Zhang Z Y, Yang H, Shi M J, et al. 2011. Analyses of impacts of China's international trade on its water resources and uses. Hydrology and Earth System Sciences, 15 (9): 2871-2880.

第 6 章　黄河流域农业水足迹与虚拟水流动趋势分析

本章主要介绍农业水足迹与区域农业虚拟水流动流域尺度解析应用案例。以黄河流域为研究对象，对流域近 50 年来（1961~2009 年）田间尺度主要农作物生产水足迹时空演变过程、变化趋势及其驱动因素进行了系统分析；以流域蓝水稀缺度量化分析与评价为基础，建立了基于水足迹的流域水安全评价方法，并应用于黄河流域水安全评价；以三个水文典型年为例，重点分析了黄河流域农业虚拟水流动过程，并对其进行了系统评价；基于上述工作对黄河流域水资源管理提出了若干思考与建议。

6.1　研 究 背 景

人类对淡水的需求不断增长给世界许多流域可持续用水带来了挑战。黄河流域为我国第二大流域（图 6-1），流域面积 $7.95\times10^5\text{km}^2$，亩均水资源占有量为 277m^3，位列全国九大流域倒数第 2 位，特有的输沙用水需求使黄河流域有限水资源的供需矛盾非常突出、用水竞争激烈（王浩等，2010）。黄河流域约 3/4 的面积地处干旱半干旱地区，水资源量仅占全国 2%，却承担着全国 13%的粮食生产（水利部黄河水利委员会，2013）。农业生产是黄河流域最大用水户，2014 年农田灌溉蓝水资源取水量仍占流域总取水量的 67%，其中 91%用于田间灌溉（水利部黄河水利委员会，2015）。在过去的半个世纪里，随着农业和人口的快速发展，黄河流域农业、工业和生活部门的蓝水（地表水和地下水）年消耗量从 20 世纪 60 年代的 178 亿 m^3 增长到 2009 年的 393 亿 m^3（Liu and Mcvicar，2012；水利部黄河水利委员会，2011）。截至 2016 年，农业、工业和生活年用水总量达到了流域内可再生水资源的 75.6%（水利部黄河水利委员会，2017）。由于气候的多变性，黄河流域可利用水资源和需水量的年际变化大，当可利用水资源较少时，农业用水的需求通常较高。黄河流域大部分区域年降水量和蒸发量在 20 世纪 60 年代到 21 世纪初之间呈现下降趋势（Liu and Mcvicar，2012；Xu et al.，2010）。20 世纪 90 年代开始黄河流域的年径流量逐渐减少（Xu et al.，2007），2002 年达到了最低值（300 亿 m^3），之后再次上升后保持波动变化（平均水平是 575 亿 m^3）（水利部黄河水利委员会，2011；Xu et al.，2010）。对黄河流域水资源消耗与水污染的科学评价，是流域高效水资源管理，尤其是农业水管理的重要基础。

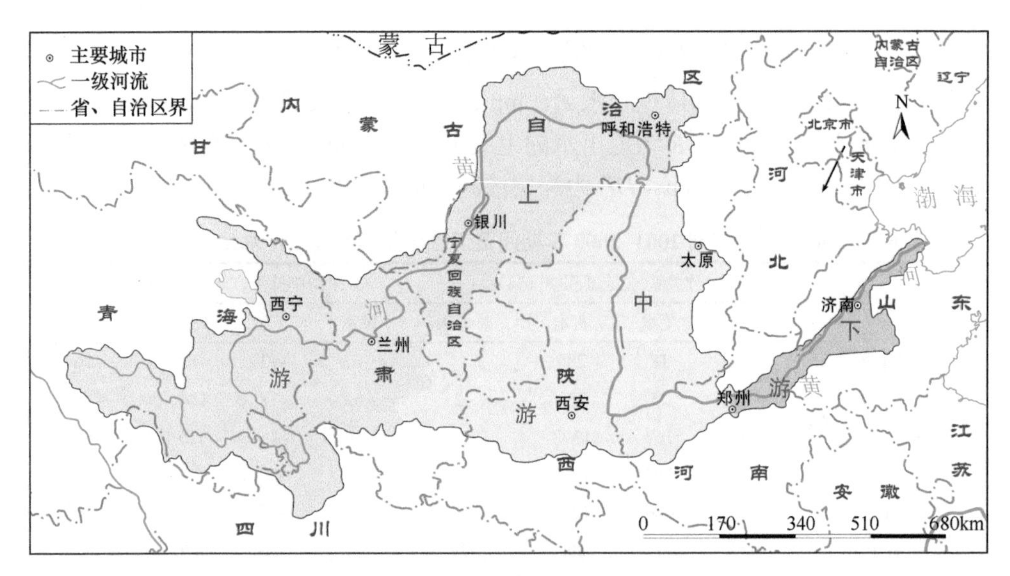

图 6-1　黄河流域及其子流域示意图

资料来源：根据 Zhuo 等（2014）修改

传统流域尺度水资源评价指标不能完全描述人类活动对水资源的实际消耗及其对水资源产生的压力。一方面，传统水资源公报中“用水量”或“灌溉效率”指标包括取、耗水后的回流及土壤下渗量，而这部分水量在一定时段内可以被重新使用（Perry，2007）；另一方面，传统水资源耗水评价多关注蓝水，忽略了农业耗水主体为绿水这一事实（Falkenmark et al.，2004）。水足迹是一个多维用水评价指标，包括降水、地表-地下水（分别是绿水足迹和蓝水足迹）和吸收同化污染物所用的水量（灰水足迹）（Hoekstra，2003）。水足迹评价可有效解决传统水资源评价指标的局限性。

6.2　黄河流域田间尺度作物生产水足迹时空演变趋势

基于田间水足迹计算标准（Hoekstra et al.，2011），本研究基于日步长在 5×5 弧分（7.4km×9.3km）的栅格尺度上，对 1961~2009 年黄河流域 17 种主要作物（表 6-1）的生产水足迹进行量化。依据 2009 年统计数据，上述作物分别占全流域总播种面积和产量的 87%和 93%。作物生产蓝、绿水足迹（m^3/a）由单位面积上生育期的蓝、绿水蒸发蒸腾量（ET，mm）与播种面积（hm^2/a）相乘得到。相应单位生产水足迹（m^3/t）由作物生育期的绿水和蓝水蒸发蒸腾量除以单产（Y，t/hm^2）得到。本研究利用 Aquacrop 模型来模拟每种作物在每一年各栅格的 ET 和 Y，并且对模拟的产量以省尺度的统计数据（中华人民共和国国家统计局，2013）进行了校核。Aquacrop 作物水分生产率模型内置的根区每日土壤水分动态平衡为

$$S_{[t]} = S_{[t-1]} + PR_{[t]} + IRR_{[t]} + CR_{[t]} - ET_{[t]} - RO_{[t]} - DP_{[t]} \tag{6-1}$$

式中，S 为第 t 天的土壤体积含水量，mm；PR 为第 t 天的降水量，mm；IRR 为第 t 天的灌水量，mm；CR 为地下水的毛细上升量，mm；ET 为实际蒸发蒸腾量，mm；RO 为地表径流，mm；DP 为深层渗漏，mm。

表 6-1　1961~1970 年到 2001~2009 年期间黄河流域年均作物生产水足迹的增长比例

作物名称	作物总水足迹涨幅（%）				作物单位生产水足迹涨幅（%）			
	绿水	蓝水	灰水	蓝绿水	绿水	蓝水	灰水	蓝绿水
冬小麦	–1	18	280	4	–77	–73	–12	–76
春小麦	–27	25	333	–2	–52	–18	184	–36
稻谷	121	167	1320	135	–56	–46	225	–53
玉米	125	362	1890	165	–80	–59	76	–77
高粱	–83	–86	1210	–83	–59	–66	3080	–60
谷子	–79	–77	809	–79	–42	–36	2470	–43
大麦	–73	–58	787	–73	–66	–46	1030	–65
大豆	–37	–40	811	–38	–53	–46	662	–51
马铃薯	46	196	1590	51	–66	–31	295	–65
甘薯	–41	–37	1170	–8	–45	–41	1080	–46
棉花	–17	–27	634	–20	–64	–69	217	–67
甜菜	76	–	3490	76	–63	–	645	–63
花生	266	409	1370	282	–66	–52	37	–64
向日葵	9110	14900	14100	9630	–44	–8	–13	–41
油菜籽	385	–	2510	385	–77	–	25	–77
西红柿	251	357	1640	258	–57	–44	113	–56
苹果	1248	1700	2310	1290	–69	–58	–44	–68

通过跟踪作物根区每日土壤水分要素，能将每日土壤绿水和蓝水进行区分。假定生长期开始时的土壤初始含水量为绿水。降水（绿水）和灌溉水（蓝水）对地表径流的贡献根据降水、灌溉水各自的大小来计算。根据最后一天土壤含水量中蓝水、绿水的占比来计算每日 DP、ET 中蓝水、绿水的量。土壤含水量中绿水部分、蓝水部分计算方法为

$$\begin{cases} S_{g[t]} = S_{g[t-1]} + (PR_{[t]} + IRR_{[t]} - RO_{[t]}) \times \dfrac{PR_{[t]}}{(PR_{[t]} + IRR_{[t]})} - (DP_{[t]} + ET_{[t]}) \times \dfrac{S_{g[t-1]}}{S_{[t-1]}} \\ S_{b[t]} = S_{b[t-1]} + (PR_{[t]} + IRR_{[t]} - RO_{[t]}) \times \dfrac{IRR_{[t]}}{(PR_{[t]} + IRR_{[t]})} - (DP_{[t]} + ET_{[t]}) \times \dfrac{S_{b[t-1]}}{S_{[t-1]}} \end{cases} \tag{6-2}$$

式中，$S_{g[t]}$为土壤含水量中绿水部分，mm；$S_{b[t]}$为土壤含水量中蓝水部分，mm；其他参数意义同上。

灰水足迹指的是稀释由于污染物淋溶作用、径流或者土壤侵蚀作用而导致的水体污染所需要的水量。本节考虑氮（N）和磷（P）两种污染物质，在 5×5 弧分栅格尺度和年尺度上，估算了 1961~2009 年黄河流域与氮、磷有关的作物生产灰水足迹。作物生产灰水足迹计算方法参见第 4 章。

6.2.1　作物水足迹

在 1961~2009 年，黄河流域年平均作物水足迹（蓝、绿水）为 488 亿 m^3，其中 25%为蓝水足迹（124 亿 m^3）。平均每年与 N 有关的灰水足迹为 867 亿 m^3，与 P 有关的灰水足迹为 378 亿 m^3。图 6-2 显示了黄河流域内作物绿水、蓝水、灰水足迹的年度变化。在研究期内，作物播种面积小幅增加 5%，但作物产量增加近 5 倍（中华人民共和国国家统计局，2013）。黄河流域灌溉面积与 20 世纪 60 年代相比扩大了 1.5 倍，导致 2000 年蓝水足迹（144 亿 m^3）比 1960 年（105 亿 m^3）增加了 37%。绿水足迹的增幅相对较小，与 1960 年（337 亿 m^3）相比，2000 年（384 亿 m^3）仅增加了 14%。绿水足迹与蓝水足迹变化趋势相反，即绿水足迹波动增加，蓝水足迹波动降低。黄河流域水污染加剧的主要原因之一是作物产量和化肥施用集约化程度提高。研究期内与 N 有关的灰水足迹增加了 24 倍，与 P 有关的灰水足迹增加了 36 倍。1961~2009 年我国氮肥总使用量与磷肥总使用量分别增加了 38 倍和 90 倍（IFA，2013），造成了灰水足迹的大幅度增加。

由于黄河流域种植模式的变化，作物对绿水、蓝水足迹总量的相对贡献发生改变。在 1961~1965 年，对绿水-蓝水足迹贡献最大的 4 种作物分别是小麦（冬小麦 48%，春小麦 8.9%）、小米（8.8%）、玉米（8.3%）和大豆（6.1%），在 2006~2009 年则为小麦（冬小麦 41%，春小麦 7.1%）、玉米（21%）、苹果（6.7%）和马铃薯（5.2%）。在研究期内，绿水、蓝水足迹增加的作物为冬小麦、水稻、玉米、马铃薯、向日葵、花生、甜菜、油菜籽、番茄和苹果。绿水、蓝水足迹降低的作物为春小麦、高粱、小米、麦子、大豆、红薯和棉花（表 6-1）。向日葵的绿水、蓝水总水足迹增长幅度最大，是由于黄河流域向日葵种植面积的大幅扩张（从 1961 年的 1300hm^2 增长到 2009 年的 20.3 万 hm^2），高粱的绿水、蓝水总水足迹降幅最大，与高粱的种植面积减少 90%有关。

2000 年黄河流域与作物相关的蓝水足迹中有 62%（89 亿 m^3）用于小麦生产，21%（30 亿 m^3）用于玉米生产。玉米生产蓝水足迹增加了将近 5 倍，从 1960 年的 6.5 亿 m^3 增加到 2000 年的 30 亿 m^3。另外，20 世纪 60 年代最大的蓝水足迹消耗者棉花，由于灌溉面积的减少（1960 年的 30.7 万 hm^2 降低到 2000 年的 20.1 万 hm^2），导致其蓝水足迹从 20 世纪 60 年代的 8.6 亿 m^3 降低至 2000 年的 6.3 亿 m^3。至于绿水足迹，在 2000 年小麦和玉米占 62%（小麦 43%、玉米 19%）。油菜是雨养作物，其绿水足迹的比例从 1%（1960 年）增加到 5%（2000 年）。在所有作物中，玉米与氮肥（60%）、磷肥（48%）相关的灰水足迹最大。

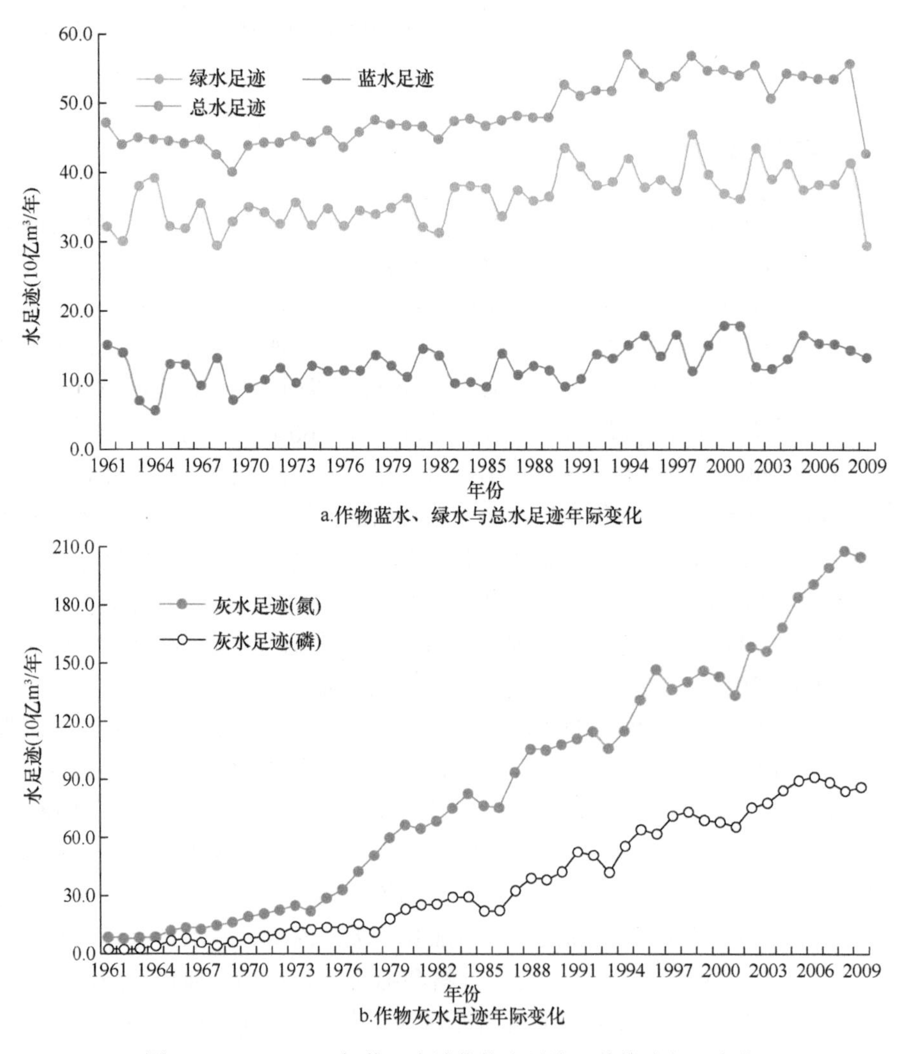

图 6-2　1961~2009 年黄河流域作物水足迹及其构成年际变化

流域内作物相关的绿水、蓝水足迹的变化主要由灌溉面积、农业用水水平和气候条件变化所引起（如 PR、ET_0）。灌溉面积增加导致黄河流域年蓝水足迹全部增加，气候变化促使蓝水足迹出现年际波动。蓝水足迹随 PR 增加而降低，随 ET_0 增加而增加。

2000 年，黄河流域作物年生产绿水、蓝水足迹中，上游、中游和下游河段分别占 23%、49%和 28%。在研究期内，流域内总蓝水足迹增加主要发生在上游河段，绿水足迹的增加主要发生在下游河段。图 6-3 说明了 1961~2009 年三部分河段对每年作物产量的蓝水、绿水足迹的相对贡献。总体而言，研究期内中游河段在蓝水、绿水足迹中占比最大，其在流域内所占耕种面积也最大（2009 年是 59%）。1961~2009 年，随着上游地区主要灌区的建设和扩张（如青铜峡和河套灌区），水足迹也增加了 1 倍。上游河段蓝水足迹在流域中的比例 2009 年达到 37%。尽管流域内总的蓝水足迹降低，但下游河段的蓝水足迹几乎保持不变。由于油菜这类雨养作物播种面积的增加，相对湿润的下游河段的绿水足迹增加将近 2 倍。

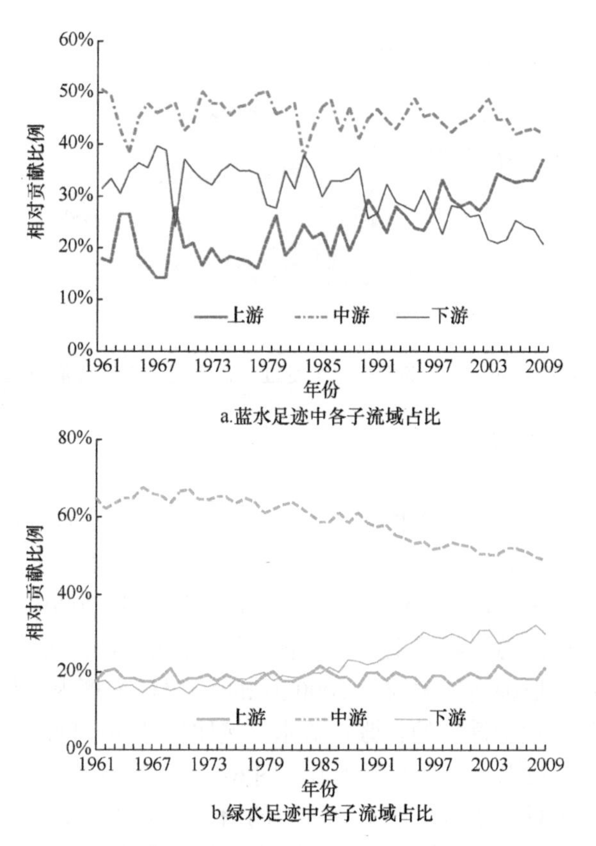

图 6-3　1961~2009 年黄河流域上、中、下游对作物水足迹相对贡献

黄河流域作物总绿水-蓝水足迹的空间分布（图 6-4c）遵循丰产作物面积的分布。灌区面积集中的地方（图 6-4a）蓝水占比明显变大（图 6-4b）。上游的干旱地区蓝水足迹（大于总量的 60%）也大于中游河段半干旱地区和下游河段相对湿润地区（总量的 40%）。下游河段 PR、ET_0 值比较大，雨养农业提高生产力的潜

力较大。下游增产有利于减少流域内干旱地区的生产需求，进而减少灌溉需求和蓝水足迹。

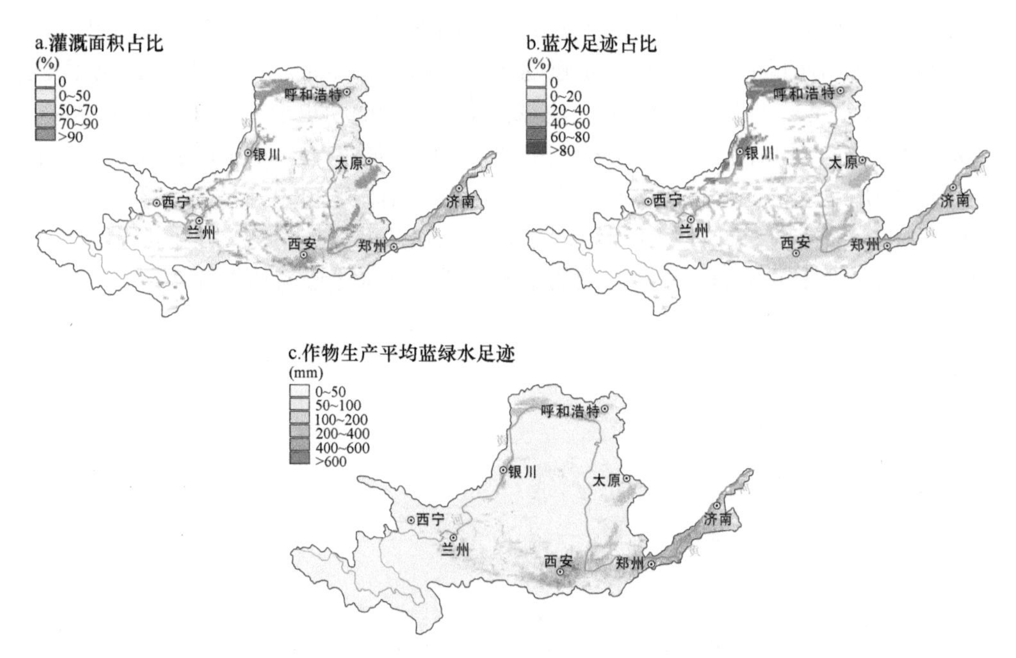

图 6-4 2001~2009 年作物生产年平均蓝绿水足迹、蓝水足迹占比及灌溉面积占比的空间分布

6.2.2 作物生产水足迹

1961~2009 年黄河流域作物生产水足迹（蓝、绿水）明显减少，但灰水生产足迹上升。图 6-5 以谷类作物（小麦、水稻、玉米、高粱、小米、大麦）为例说明。谷类作物生产水足迹从 1960 年的 6.54m^3/kg 降低到 2000 年的 1.57m^3/kg。谷类作物生产水足迹的急剧降低主要是作物产量提高的结果。在黄河流域内，本研究期内流域作物总播种面积大约为 1000 万 hm^2，且研究期内变化很小，但是作物产量增加了 5 倍。由于灌区的扩张，蓝水足迹比例增加。同时，由于化肥使用量的提高，作物生产灰水足迹也有所上升。图 6-5 说明了耗水量（绿水足迹+蓝水足迹）的减少如何被稀释水量（灰水足迹）的增加而抵消。整体灰水足迹由氮相关的灰水足迹确定，氮相关的灰水足迹一般是大于磷相关的灰水足迹。作物研究中，高粱的灰水足迹增加最明显（表 6-1）。

黄河流域内作物生产水足迹从 1960 年大部分地区的大于 3.0m^3/kg 减少到 2000 年的 0.5~2.0m^3/kg；但是流域西部一些地区水分生产率依然很低（即作物生产水足迹很大），其原因是这些地区降水少、灌溉少，或者几乎不灌溉（图 6-4c），产量很低。值得注意的是，尽管这个地区耕种活动很少，在 2000 年，油菜籽耗水量（2.7m³/kg）最大，其次是大豆（2.2m³/kg）。

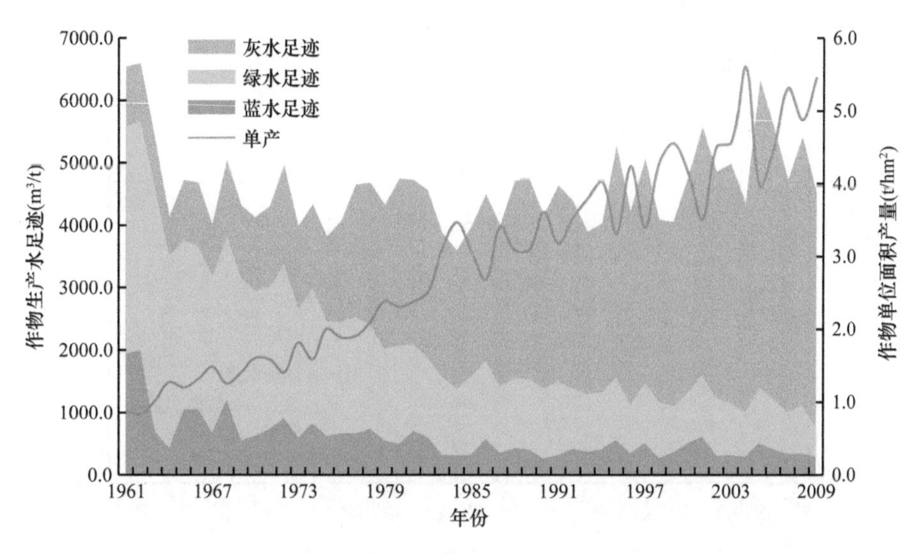

图 6-5　1961~2009 年黄河流域谷类作物产量及作物生产水足迹

6.3　基于水足迹的流域水安全评价——黄河流域蓝水稀缺度量化与评价

流域内蓝水的稀缺度定义为在特定时期内全部蓝水足迹与可利用蓝水资源量的比率。1978~2009 年黄河流域月蓝水稀缺度以 5×5 弧分网格计算。工业和家庭用水的蓝水足迹依据《黄河水资源公报》数据（水利部黄河水利委员会，2011）来估计。月最大可利用蓝水资源量等于天然径流量减去环境需水量。研究期间月天然径流量从 6×6 弧分空间分辨率的水文模型 PCR-GLOBWB（Van Beek et al.，2011）获得，该模型能够很好地再现黄河流域月径流量的变异性和大小。环境需水量由 Richter 等（2012）和 Hoekstra 等（2012）提出的假定标准来计算。根据这个标准，80%的月径流量被周围环境利用。每网格最大可持续蓝水足迹为 20%天然径流量。

蓝水稀缺被分为 4 个程度：当蓝水足迹小于 20%天然径流为低度，也就是蓝水足迹小于蓝水可利用量；当蓝水足迹为天然径流的 20%~30%时为中度；当蓝水足迹为天然径流的 30%~40%时为重度；当蓝水足迹超过天然径流的 40%时为极重度。

黄河流域内年均作物蓝水足迹占总蓝水足迹的 73%（包括工业和生活部门等水足迹）。1978~2009 年蓝水足迹的稀缺度通过农业、工业和生活蓝水足迹与最大可持续蓝水足迹的比较来评估。根据计算，年蓝水足迹占天然径流的 19%~52%，多年平均值为 31%，高于最大可持续蓝水足迹（20%的天然径流）。图 6-6 比较了蓝水足迹、作物蓝水足迹和最大可持续蓝水足迹，同时也展现了研究期内黄河流域年降水量。结果表明，在年际尺度上，较大的蓝水足迹发生在相对干旱的年份，此时最大可持续蓝水足迹相对较小，进一步增加了蓝水稀缺度。

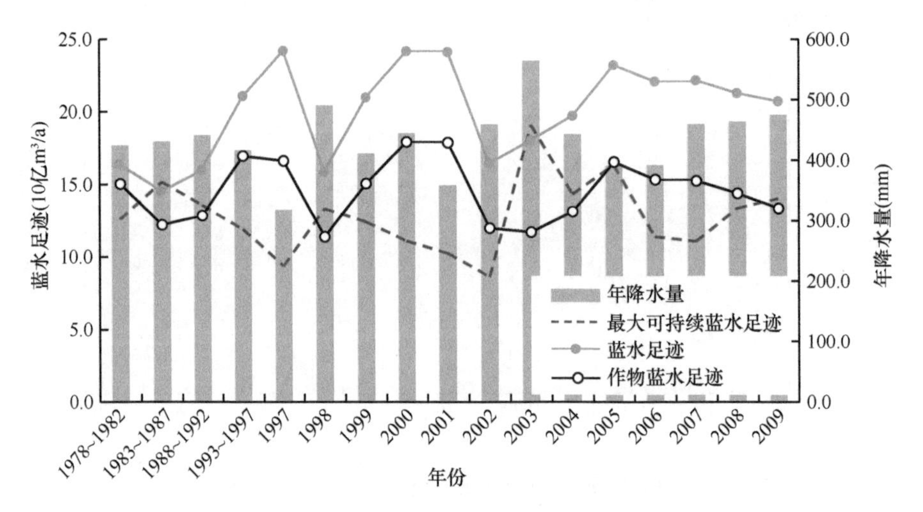

图 6-6　黄河流域年蓝水足迹和年降水量

1978~1997 年为每 5 年平均值，1997~2009 年为逐年值

为评估蓝水稀缺度的月变异性，图 6-7 展示了 1978~2009 年月天然径流、最大可持续蓝水足迹和蓝水足迹。一年内月蓝水足迹的峰值和洪水期不同步。蓝水足迹（5~7 月）一般比天然径流（7~9 月）提前 2 个月出现峰值。天然径流在 6~10 月

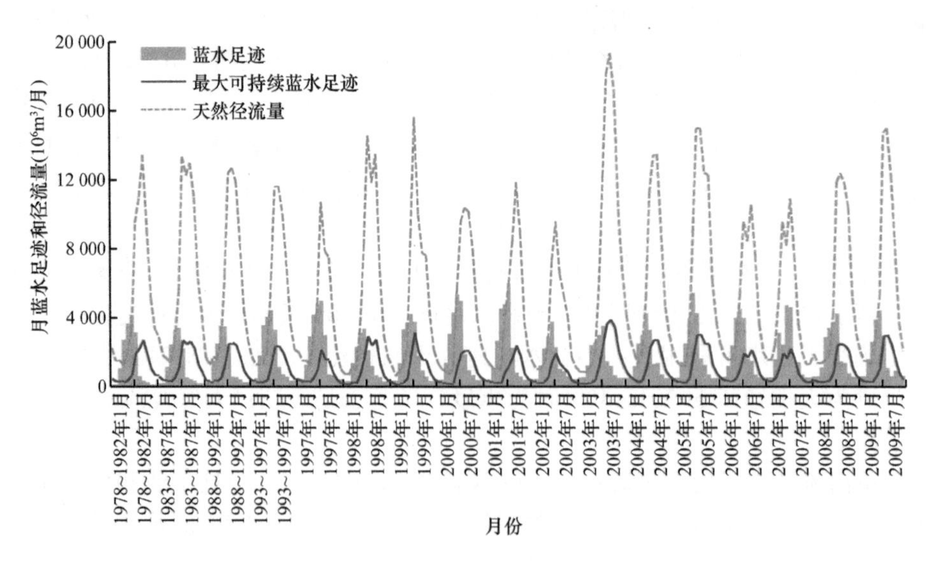

图 6-7　黄河流域月蓝水足迹、最大可持续蓝水足迹和天然径流对比

1978~1997 年为每 5 年平均值，1997~2009 年为逐年值

达到最大，蓝水足迹随作物生长期在 3~7 月达到最大，7 月之后随降水增加而降低。流域每年经历 7 个月的中度到重度的蓝水稀缺（1~7 月），其中平均有 5 个月是重度蓝水稀缺（一般为 3~7 月）。

图 6-8 绘制了最近 10 年中湿润年（2003 年）、干旱年（2000 年和 2007 年）和平水年（2005 年）黄河流域内月蓝水稀缺度。月蓝水足迹一般 3~7 月达到峰值，但湿润年的峰值比干旱年和平水年要低得多。即使在湿润年，流域也要经历每年 7 个月的中度到重度的蓝水稀缺。在干旱年 2007 年，有 11 个月蓝水足迹超过了最大可持续蓝水足迹。2000 年 4 月蓝水稀缺指数达到了 20。尽管灌溉用水是引起高度蓝水稀缺的主要原因，但中度到重度的蓝水稀缺主要发生在种植季节之外，在 11 月到翌年的 2 月，这主要是河流径流量此时较低。

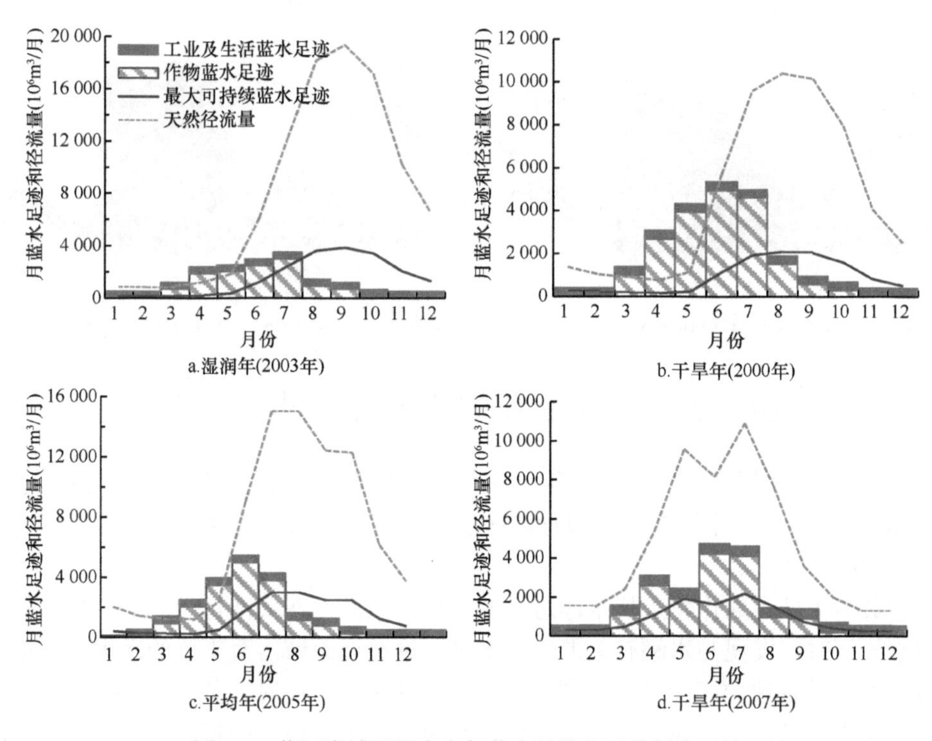

图 6-8　黄河流域不同水文年蓝水足迹和天然径流对比

图 6-9 分别绘制了黄河流域干旱年（2000 年）、湿润年（2003 年）4 月（蓝水足迹增加但蓝水可利用量很低）和 7 月（水足迹和蓝水可利用量高）月蓝水稀缺度的空间分布。上游河段东部、中游河段北部和下游河段的大部分都会常年经历严重的蓝水短缺。干旱年和湿润年里，在 6 月左右的汛期之前，流域 90%的地区都可能面临严重的蓝水稀缺。在下半年，部分位于青藏高原的地区（上游河段西部）蓝水稀缺程度较低，其原因是这些地区不进行灌溉且流域径流主要在这里形

成。由于蓝水足迹及黄河流域可利用蓝水资源的不均匀分布，流域约有一半地域在湿润年的汛期依然会经历严重的蓝水稀缺，即使总体上流域内蓝水稀缺度很低。这表明从空间尺度上考虑蓝水稀缺性要优于按以往的流域尺度考虑。

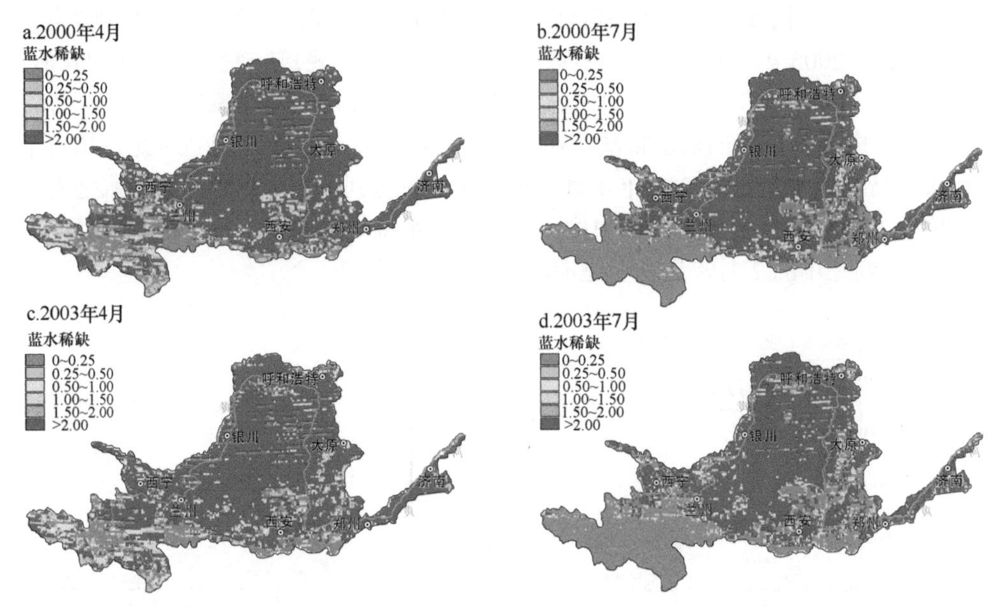

图 6-9　黄河流域干旱年（2000 年）、湿润年（2003 年）4 月和 7 月的蓝水稀缺度空间分布

6.4　黄河流域农业虚拟水流动过程与评价

选取黄河流域的 3 个典型年（湿润年 2003 年、平水年 2004 年和干旱年 2006 年），在位于流域的各省级行政区层面上，量化与农作物有关的虚拟水流动（图 6-10）。

黄河流域是农作物虚拟水净进口的区域。然而，在关注每种单一农作物的虚拟水平衡时，发现与水稻有关的虚拟水进口量接近流域内每年总的净虚拟水进口量的 2 倍，这决定了流域为虚拟水净进口者的角色。同时，黄河流域是小麦、玉米、粟米、马铃薯、花生和苹果的虚拟水净出口区。小麦的年虚拟水出口量最高年份为黄河流域总虚拟水出口量的 60%，并且占小麦水足迹的 45%。

在与农作物相关的虚拟水流动中，内蒙古是唯一一个在 3 个典型年中都是虚拟水净出口者的省级行政区，其作物产量占黄河流域年农作物产量的 11%，但其流域内人口和农作物消费需求仅占流域的 8%。内蒙古作为与农作物相关的虚拟水输出区这一角色，是由虚拟蓝水流动造成，主要源自玉米的输出。山东是另一个国内虚拟蓝水输出区，其生产的小麦流向国内其他地区。陕西人口占黄河流域人口的比例最大，为 26%，是流域内虚拟水净输入量的最大贡献者（年平均值为 23%）。

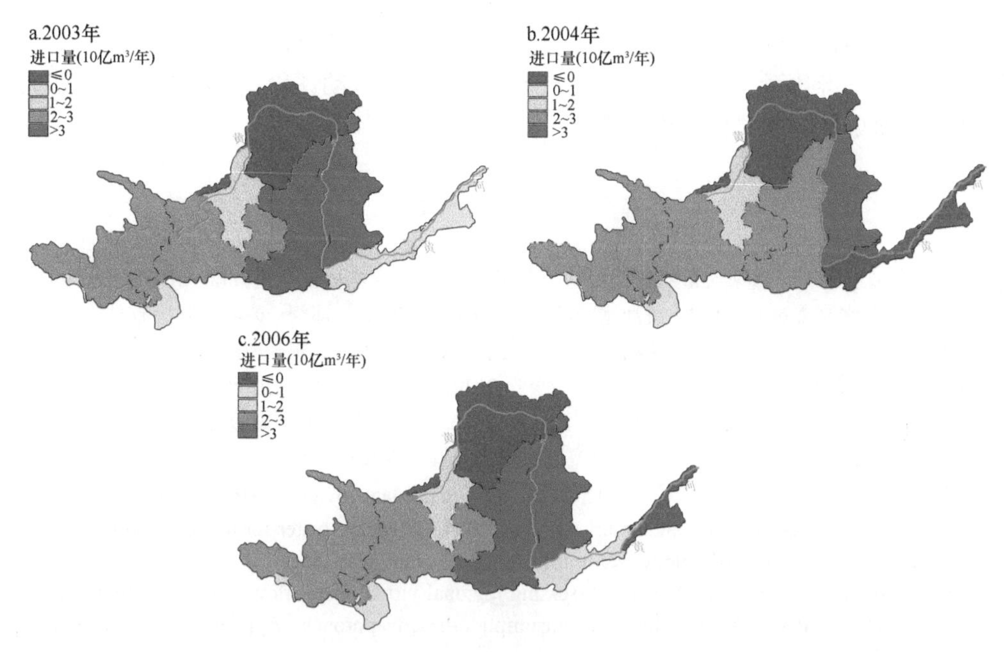

图 6-10　黄河流域不同省级行政区作物净虚拟水进口量空间分布

将本研究所得黄河流域与农作物相关的净虚拟水流动的结果与已有相关研究结果进行比较，显示具有同数量级的一致信息（表 6-2）。值得注意的是，由 Feng 等（2012）得到的黄河流域是与农作物相关的虚拟水净出口者角色的结论，是由于其忽略了水稻的虚拟水流动量，而水稻是本研究中黄河流域实际为“净虚拟水进口地”角色的决定因素。在不考虑大米的情况下，本研究结果与 Feng 等（2012）结果类似。

表 6-2　黄河流域作物蓝水足迹和净虚拟水流动量与以往研究结果对比

指标	本研究	Feng 等（2012）	Hoekstra 等（2012）
作物蓝水足迹（亿 m^3/a）	152~205	99	166
净虚拟水流动量（亿 m^3/a）	–48~–129	–84	

注：黄河流域作物蓝水足迹多年平均值占总蓝水足迹多年平均值的 73%；负值为输出；第二行净虚拟水流动量不包含水稻

流域是传统水资源管理的基本单位，蓝水是传统水资源的管理对象。目前，流域尺度农业水足迹与虚拟水流动评价，仍侧重对蓝水资源的影响。例如，Zeng 等（2012）对黑河流域水足迹及其蓝水稀缺度进行了量化与评价，发现黑河流域农业水足迹占总水足迹的 96%，且绿水足迹大于蓝水足迹，全年有 8 个月流域处于蓝水稀缺状态；Hoekstra 等（2012）对全球主要流域由水足迹引起的蓝水稀缺度进行了评估，发现近一半流域面临至少每年一个月的极重度蓝水稀缺；在今后相关研究中，可进一步加强绿水资源消耗可持续性的评价，同时构建流域尺度农业水足迹基准体系，完善流域农业水足迹与虚拟水流动评价体系与方法，更好地为流域水资源管理提供理论支撑。

参 考 文 献

国家环境保护总局, 国家质量监督检验检疫总局. 2002. 地表水环境质量标准 GB 3838—2002.

水利部黄河水利委员会. 2011. 黄河水资源公报 1998—2009 年. 郑州: 黄河水利出版社.

水利部黄河水利委员会. 2013. 黄河流域综合规划 2012—2030 年. 郑州: 黄河水利出版社.

水利部黄河水利委员会. 2015. 黄河水资源公报 2014. 郑州: 黄河水利出版社.

水利部黄河水利委员会. 2017. 黄河水资源公报 2016. 郑州: 黄河水利出版社.

王浩, 贾仰文, 王建华, 等. 2010. 黄河流域水资源及其演变规律研究. 北京: 科学出版社.

中华人民共和国国家统计局. 2013. 国家数据. http: //data.stats.gov.cn/ [2016-12-12].

Falkenmark M, Rockström J, Falkenmark M, et al. 2004. Balancing water for humans and nature: the new approach in ecohydrology. Natural Resources Forum, (2): 185.

Feng K, Siu Y L, Guan D, et al. 2012. Assessing regional virtual water flows and water footprints in the Yellow River Basin, China: a consumption-based approach. Applied Geography, 32(2): 691-701.

Franke N A, Boyacioglu H, Hoekstra A Y. 2013. Grey water footprint accounting: Tier 1 supporting guidelines, Value of Water Research Report Series No.65. Delft, The Netherlands: UNESCO-IHE.

Hoekstra A Y, Chapagain A K, Aldaya M M, et al. 2011. The Water Footprint Assessment Manual: Setting the Global Standard. London, UK: Earthscan.

Hoekstra A Y, Mekonnen M M, Chapagain A K, et al. 2012. Global monthly water scarcity: blue water footprints versus blue water availability. PLoS ONE, 7(2): e32688.

Hoekstra A Y. 2003. Virtual Water Trade: Proceedings of the International Expert Meeting on Virtual Water Trade, Value of Water Research Report Series No.12. Delft, The Netherlands: UNESCO-IHE.

IFA. 2013. IFADATA: IFA statistical databases. International Fertilizer Industry Association. https://www.fertilizer.org/ [2016-12-12].

Liu C, Zhang S. 2002. Drying up of the yellow river: its impacts and counter-measures. Mitigation & Adaptation Strategies for Global Change, 7(3): 203-214.

Liu Q, Mcvicar T R. 2012. Assessing climate change induced modification of Penman potential evaporati-on and runoff sensitivity in a large water-limited basin. Journal of Hydrology, 464-465(20): 352-362.

Perry C. 2007. Efficient irrigation; inefficient communication; flawed recommendations. Irrigat Drainage, 56: 367-378.

Richter B D, Davis M M, Apse C, et al. 2012. A presumptive standard for environmental flow protection. River Research & Applications, 28(8): 1312-1321.

Van Beek L, Wada Y, Bierkens M F. 2011. Global monthly water stress: 1. Water balance and water availability. Water Resources Research, 47(7): W07517.

Xu K, Milliman J D, Xu H. 2010. Temporal trend of precipitation and runoff in major Chinese Rivers since 1951. Global & Planetary Change, 73(3): 219-232.

Xu Z X, Li J Y, Liu C M. 2007. Long - term trend analysis for major climate variables in the Yellow River basin. Hydrological Processes, 21(14): 1935-1948.

Zeng Z, Liu J, Koeneman P H, et al. 2012. Assessing water footprint at river basin level: a case study for the Heihe River Basin in northwest China. Hydrology and Earth System Sciences, 16(8): 2771-2781.

Zhuo L, Mekonnen M M, Hoekstra A Y. 2014. Sensitivity and uncertainty in crop water footprint accou-nting: a case study for the Yellow River basin. Hydrology and Earth System Sciences, 18(6): 2219-2234.

第 7 章　中国粮食生产水足迹与区域虚拟水流动及其伴生效应

本章主要介绍农业水足迹与区域农业虚拟水流动国家尺度解析应用案例。以全国为研究范围，以省级行政区为单元，重点分析近 60 多年来中国粮食生产水足迹时空演变过程，以及区域粮食虚拟水流动过程与发展趋势；对中国粮食产销区、南北方地区的灌溉农业与旱作农业粮食生产水足迹，区域粮食贸易引发的区域虚拟水流动过程及其伴生效应进行解析，提出国家尺度基于粮食生产水足迹与虚拟水流动过程调控的农业水管理策略。本章的重点：一是近 60 多年来粮食生产水足迹时空演变过程分析，二是区域粮食虚拟水流动过程及其伴生效应。

7.1　研 究 方 法

7.1.1　研究区概况

省级行政区是指中国大陆 31 个省级行政区，因数据原因，未涉及香港特别行政区、澳门特别行政区和台湾省。

产销区是根据粮食产销特征，将中国 31 个省级行政区划分为粮食主产区、平衡区和主销区。其中，主产区包括内蒙古、辽宁、吉林、黑龙江、河北、河南、山东、安徽、江苏、湖北、湖南、江西和四川 13 个省级行政区；主销区包括北京、天津、上海、浙江、福建、广东和海南 7 个省级行政区；平衡区包括山西、陕西、甘肃、青海、宁夏、新疆、广西、重庆、贵州、云南和西藏 11 个省级行政区。

南北方地区根据各省级行政区的地理位置、气候条件、水资源特征等属性差异，并参照中国南北方分界线，将 31 个省级行政区分别划分为北方地区和南方地区，其中北方地区包括北京、天津、内蒙古、新疆、河北、甘肃、宁夏、山西、陕西、青海、山东、河南、辽宁、吉林及黑龙江 15 个省级行政区；南方地区包括江苏、浙江、安徽、上海、湖北、湖南、四川、重庆、贵州、云南、广西、江西、福建、广东、海南及西藏 16 个省级行政区。

本章中的粮食作物指的是谷物、豆类和薯类。空间分析时选择了省级行政区、产销区和南北方地区 3 个尺度。

7.1.2　研究假设

1）鉴于研究时段内中国粮食自给率多年来维持在 95%以上，对中国内部区域虚拟水流动本身影响很小，因此研究中不考虑粮食进出口对中国内部区域虚拟水流动的影响。

2）年际间不存在粮食的储存与超消费问题，即当年生产的粮食用于当年的消费。

3）各省级行政区间人均粮食消费量相同。农产品调入调出数据通常仅国与国之间交换才进行统计，在一个国家内部的区域之间常因缺乏粮食调运数据而难以计算虚拟水流动。为便于计算，忽略粮食消费在数量和结构上的区域差异，粮食消费按公平原则向公民平均分配，人均粮食占有量高于全国平均值的省级行政区将输出粮食以达到全国人均实际消费量一致，人均粮食占有量低于全国平均值的省级行政区将输入粮食以达到全国人均实际消费量一致。

4）对于粮食输出省级行政区，其粮食输出到粮食缺乏省级行政区的机会相同。同理，粮食输入的省级行政区，其从粮食输入省级行政区输入粮食的机会也相同。

7.1.3　计算方法

（1）粮食生产水足迹的计算

各省级行政区粮食生产水足迹为

$$WF_i^G = \frac{W_i^g + W_i^b}{G_i} \tag{7-1}$$

式中，WF_i^G 为第 i 省级行政区的粮食生产水足迹，m^3/kg；W_i^g 、W_i^b 分别为第 i 省级行政区粮食生产过程中绿水、蓝水的消耗量，m^3；G_i 为第 i 省级行政区粮食总产量，kg。

W_i^g 为粮食作物生长期的有效降水量（当有效降水量大于同期作物需水量时，应将有效降水量换成作物需水量计算）与对应耕地面积的乘积，即

$$W_i^g = \frac{10^5 P_i^e \times S_i^G}{\lambda_i^G} \tag{7-2}$$

式中，λ_i^G 为第 i 省级行政区的粮食复种指数，无量纲；S_i^G 为第 i 省级行政区粮食播种面积，万 hm^2；P_i^e 为第 i 省级行政区有效降水量，mm。

采用位于全国各省级行政区农业区的共计 340 个气象站点逐旬降水量数据，以及 180 个农业观测台站观测的小麦、玉米、水稻和大豆的生育期多年平均值数据。将同一省级行政区、同一时段内各站点相同旬降水量的算术平均值作为该省

级行政区该时段的逐旬降水量值。采用美国农业部土壤保持局推荐、当前得到公认和普遍推荐的方法计算各省级行政区粮食生长期的有效降水量，其计算公式为

$$P_{\mathrm{e}}=\begin{cases}\dfrac{P(4.17-0.02P)}{4.17} & P<83\\ 41.7+0.1P & P\geqslant 83\end{cases} \tag{7-3}$$

式中，P 和 P_{e} 分别为旬降水量和旬有效降水量，mm。

W_i^b 为各省级行政区的粮食单位面积灌溉用水量 IR_i^G 和粮食灌溉面积 $S_{i,IR}^G$ 的乘积。即

$$W_i^b = IR_i^G S_{i,IR}^G \tag{7-4}$$

$$S_{i,IR}^G = \frac{S_{i,IR} S_i^G}{S_i} \tag{7-5}$$

式中，$S_{i,IR}$ 为各省级行政区的灌溉面积（有效灌溉面积），万 hm^2；S_i^G 和 S_i 分别为第 i 省级行政区粮食播种面积和作物总播种面积，万 hm^2。

IR_i^G 的计算式为

$$IR_i^G = \frac{IR_i S_i}{S_i^G + \alpha_i S_i^E} \tag{7-6}$$

式中，IR_i 为第 i 省级行政区的平均单位面积灌溉用水量，mm；S_i^E 为其他作物（以经济作物为主，包括棉花、油料、麻类、糖料、烟叶及蔬菜，未计入果园和茶园面积）的播种面积，万 hm^2；α_i 为该省级行政区的经济作物与粮食作物综合灌溉定额比，无量纲。

$$\alpha_i = \frac{IR_i^{E,0}}{IR_i^{G,0}} \tag{7-7}$$

式中，$IR_i^{G,0}$ 、$IR_i^{E,0}$ 分别为第 i 省级行政区粮食、经济作物的综合灌溉定额，m^3/hm^2，由各类主要粮食和经济作物的灌溉定额按播种面积加权计算。

（2）虚拟水流动量的计算

各省级行政区之间粮食调运量的计算式为

$$G_i' = G_i - P_i \frac{G_N}{P_N} \tag{7-8}$$

式中，P_N 为全国人口，万人；G_N 为粮食总产量，万 kg；G_i 和 G_i' 分别为第 i 省级行政区的粮食生产量和调运量，万 kg，当 $G_i'>0$ 时表示输出，当 $G_i'<0$ 时表示输入，当 $G_i'=0$ 时表示无调运；P_i 为第 i 省级行政区的人口数量，万人。

粮食消费按公平原则向公民平均分配，人均粮食产量高于全国平均值的省级行政区将输出粮食以达到全国人均实际消费量一致；因为中国粮食自给率近 60 年来基本维持在 95%以上，粮食的进出口对区域间虚拟水流动影响不大，故不考虑中国粮食的进出口。

某一省级行政区虚拟水流动量的计算：由于粮食调运的方向无法获得，这里假定粮食输入省级行政区获得来自各输出省级行政区粮食的机会均等。

$$当 G_i' > 0 时，\ VW_i = \frac{G_i' WF_i^G}{10} \tag{7-9}$$

$$当 G_i' < 0 时，\ VW_i = \frac{G_i' WF_O^G}{10} \tag{7-10}$$

式中，VW_i 为第 i 省级行政区虚拟水流动量，与 G_i' 同符号和方向，亿 m^3；WF_i^G 为第 i 省级行政区的粮食生产水足迹，m^3/kg；WF_O^G 为作为输出的那部分粮食生产水足迹，m^3/kg，由各粮食输出省级行政区的粮食生产水足迹对相应省级行政区的粮食输出量的加权得到。

（3）区域粮食虚拟水流动在全局尺度上的节水量计算

当粮食生产用水效率高的地区向效率低的地区输出粮食，则在全局尺度上实现节水，反之，会浪费水。各省级行政区之间虚拟水流动在全局尺度上的节水量的计算式为

$$Q_{W\,j} = \Delta A_j^{gt} \times (V_{WC\,ja} - V_{WC\,pj}) \tag{7-11}$$

$$V_{WC\,ja} = \sum_{i=1}^{n} V_{WC\,ri} \times \Delta A_{ri}^{t} \tag{7-12}$$

式中，$Q_{W\,j}$ 为第 j 省级行政区因粮食调运在全局尺度上的节水量，正、负值分别表示节水和浪费水，m^3；ΔA_j^{gt} 为第 j 省级行政区粮食调运量，kg；$V_{WC\,pj}$ 为第 j 省级行政区粮食虚拟水含量，这里在数值上等于对应省级行政区的粮食生产水足迹，m^3/kg；$V_{WC\,ja}$ 为调运粮食的虚拟水含量，m^3/kg；$V_{WC\,ri}$ 为从省级行政区 i 调运到 j 的粮食虚拟水含量，m^3/kg；ΔA_{ri}^{t} 为从省级行政区 i 到 j 的粮食调运量，kg。

各区域之间虚拟水流动在全局尺度上的节水量为该区域各省级行政区的节水量总和。

（4）水资源压力指数的计算

水资源压力指数反映蓝水资源的缺乏程度，它仅考虑蓝水。对任一省级行政区，水资源压力指数的计算方法为

$$I_{WSj}=\frac{W_{tvj}-W_{trvj}-W_{itvj}}{W_{Aj}\times 20\%} \tag{7-13}$$

式中，I_{WSj} 为第 j 省级行政区水资源压力指数，无量纲；W_{tvj} 为第 j 省级行政区水资源开发利用总量，m^3；W_{trvj} 为第 j 省级行政区过境水利用量，m^3；W_{itvj} 为第 j 省级行政区跨流域调入水量，m^3；W_{Aj} 为第 j 省级行政区可利用水资源量，m^3。

任一区域的水资源压力指数按该区域各省级行政区的国土面积加权和进行计算。

水资源压力分级划分：低水资源压力［水资源压力指数（I_{WS}）<1］、中等水资源压力（I_{WS} =1~1.5）、高水资源压力（I_{WS} =1.5~2.0）和严重水资源压力（I_{WS} >2）。

7.1.4 主要数据来源

31 个省级行政区的粮食产量、粮食播种面积、其他农作物播种面积、有效灌溉面积和人口数量等数据引自《中国统计年鉴》。

全国主要气象站点降水量数据引自中国气象科学数据共享服务网（http://cdc.cma.gov.cn/index.jsp）。

农业用水量、灌溉定额等数据引自《中国水资源公报》《中国水利统计年鉴》和各省级行政区的水资源公报及其他相关文献资料。

7.2 中国粮食生产水足迹时间演变过程分析

7.2.1 中国粮食生产水足迹（蓝、绿水）变化

近 60 多年来，中国粮食生产水足迹呈不断减小趋势，由 1950s 的年均 3.375m³/kg 减小到 2000s 的 1.306m³/kg，降幅达到 61.3%，2016 年降低到 1.089m³/kg，如图 7-1 所示。说明中国水分利用效率大幅提高，有利于在保障粮食安全的同时缓解农业用水压力。

绿水足迹与总水足迹变化趋势接近，也呈不断减小趋势，由 1950s 的年均 2.650m³/kg 减小到 2000s 的 0.722m³/kg，2016 年降低到 0.693m³/kg。说明我国降水利用率不断提高。

蓝水足迹呈先增加后减小的趋势，由 1950s 的年均 0.725m³/kg 增加到 1970s 的年均 0.969m³/kg，再减小到 2000s 的 0.584m³/kg，2016 年降低到 0.396m³/kg。蓝水足迹先增大是由新中国成立初期灌溉面积的快速发展造成的。

绿水足迹比例占总用水量比例呈先快速减小后缓慢增加趋势，主要原因是新中国成立后，随着灌溉面积的快速发展，蓝水用量逐步增加，绿水足迹比例呈快

速减小态势；其后灌溉面积增加趋缓而农业节水得到较大发展，绿水比例呈缓慢增加态势。

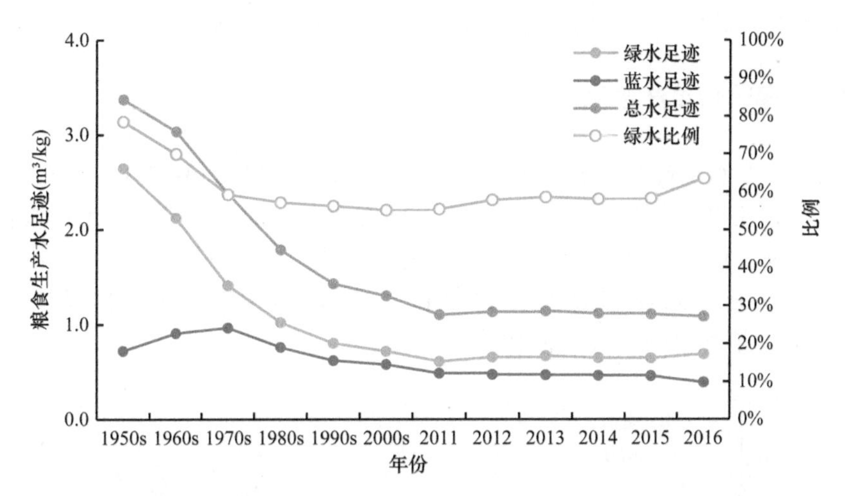

图 7-1　1951~2016 年中国粮食生产水足迹及其构成（蓝、绿水）变化

7.2.2　中国南北方粮食生产水足迹（蓝、绿水）变化

中国北方地区粮食生产水足迹由 1950s 的 $3.49m^3/kg$ 下降到 2000s 的 $1.17m^3/kg$，降幅为 66.5%；南方由 1950s 的 $3.30m^3/kg$ 下降到 $1.45m^3/kg$，降幅为 56.1%，北方降幅高于南方。1970 年以前南方粮食生产水足迹低于北方，但其后高于北方，且差距不断增大（图 7-2）。说明北方地区水分生产效率提升较快。

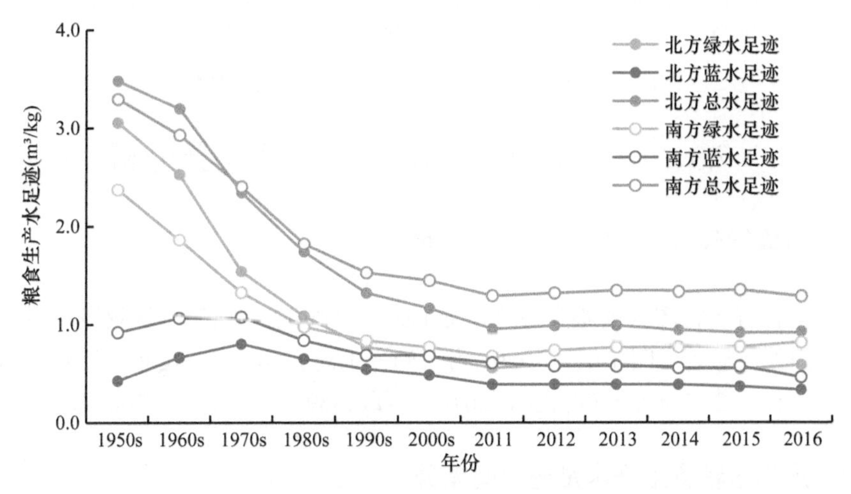

图 7-2　1951~2016 年中国南北方粮食生产水足迹及其构成（蓝、绿水）变化

与总水足迹相似，北方地区绿水足迹下降速率高于南方。1980 年以前南方粮食生产绿水足迹低于北方，但其后高于北方，且差距不断增大。南方和北方地区蓝水足迹变化趋势相同，南方地区蓝水足迹始终高于北方。

7.2.3 中国粮食单产变化

粮食生产水足迹的大幅降低说明中国粮食单产的增加（图 7-3）和节水水平的提高，充分证明了中国农业节水技术、农业生产技术研发与推广应用在粮食生产过程中发挥了重要作用。1951 年，北方的粮食单产仅为南方的 59.1%，两者之间的差距在 2003 年以后迅速减小，自 2011 年开始，北方粮食单产开始超过南方，2016 年北方粮食单产是南方的 102.3%。

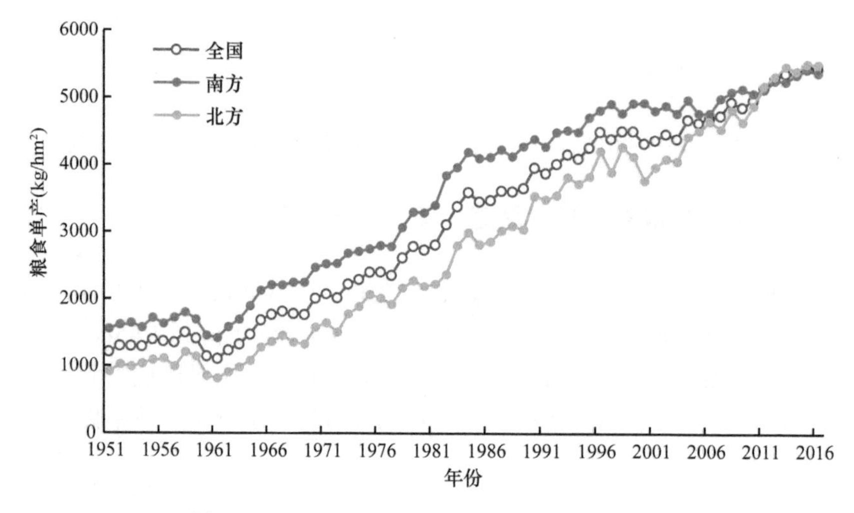

图 7-3 1951~2016 年中国南北方粮食单产变化

7.3 中国粮食生产水足迹空间差异分析

7.3.1 省级行政区粮食生产水足迹空间差异

中国各省级行政区的粮食生产水足迹均呈不断减小趋势，各阶段粮食生产水足迹空间差异显著（图 7-4）。1950s 为 1.84（上海）~4.69m^3/kg（新疆），2000s 为 0.83（山东）~2.27m^3/kg（海南），2016 年为 0.669（山东）~2.176m^3/kg（西藏）。

7.3.2 产销区粮食生产水足迹空间差异

2015 年为平水年，这里作为典型年进行分析。

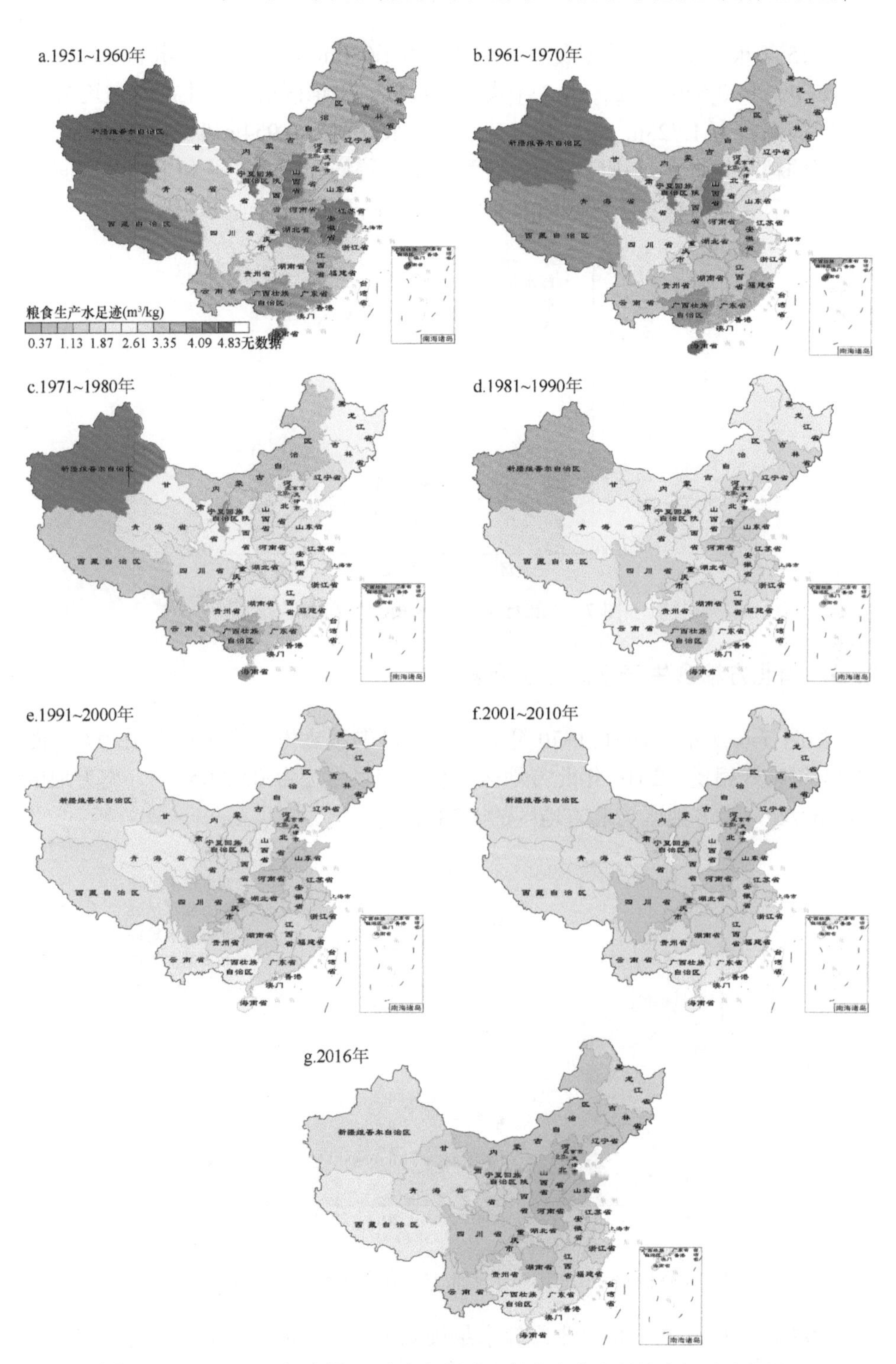

图 7-4　1951~2016 年中国 31 个省级行政区粮食生产水足迹空间分布差异

2015 年粮食主产区的粮食生产水足迹为 1.030m^3/kg，其中蓝水和绿水分别为 0.404m^3/kg 和 0.626m^3/kg，为 3 个类型区最低。主销区的粮食生产水足迹为 3 个类型区最高，为 1.723m^3/kg，其中蓝水和绿水分别为 0.954m^3/kg 和 0.769m^3/kg。平衡区的粮食生产水足迹、蓝水足迹和绿水足迹均介于主产区和主销区之间，如图 7-5 所示。说明粮食主产区的农业用水效率高于其他两个类型区。

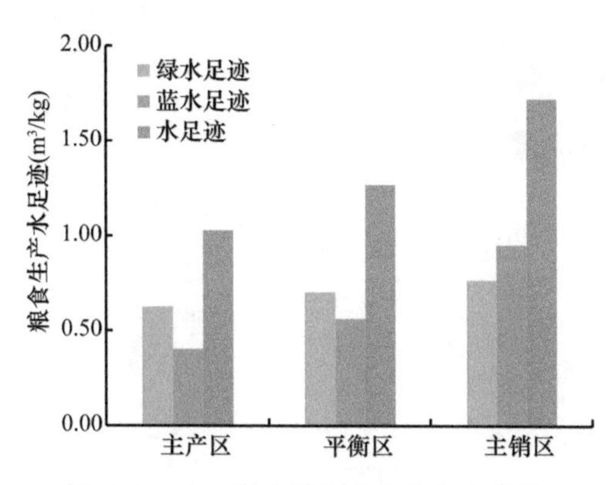

图 7-5　2015 年产销区粮食生产水足迹

7.3.3　南北方粮食生产水足迹空间差异

如图 7-6 所示，1951~1970 年，南方地区的粮食生产水足迹小于北方，随后的 40 年正好相反。2016 年北方地区粮食生产水足迹为 0.933m^3/kg，南方地区为 1.291m^3/kg，南方地区为北方地区的 1.38 倍。

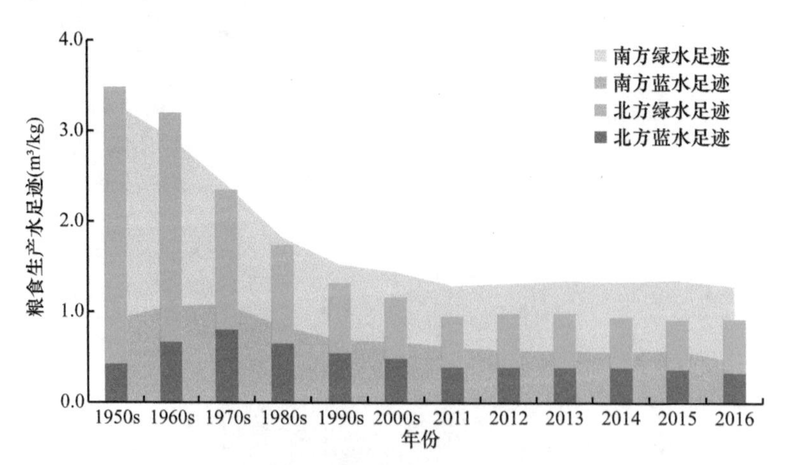

图 7-6　1951~2016 年中国南北方粮食生产水足迹空间分布差异

1951~1980 年南方粮食生产绿水足迹低于北方，但其后高于北方，且差距不断扩大。各阶段南方地区蓝水足迹始终高于北方。

7.3.4　灌溉与雨养农业粮食生产水足迹空间差异

中国 1998~2010 年各省级行政区年均雨养农业（WFP_R）和灌溉农业（WFP_I）粮食生产水足迹及区域粮食生产水足迹（*WFP*），其中区域粮食生产水足迹为雨养农业和灌溉农业粮食生产水足迹的产量加权值，如图 7-7 所示。

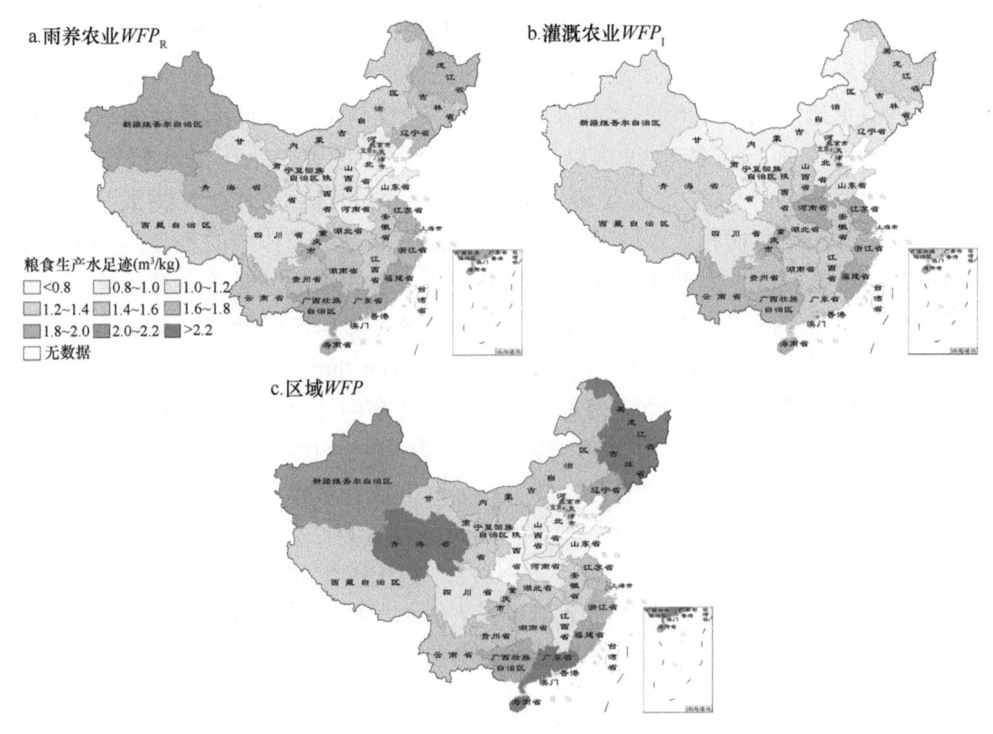

图 7-7　灌溉和雨养农业粮食生产水足迹及区域粮食生产水足迹的空间差异分析

图 7-7 显示，*WFP* 与 WFP_I 的空间分布格局相似，省级行政区间差异较大且总体表现为长江和黄河流域中下游省份较低而东南和华南沿海、东北三省及部分西北省级行政区较高。具体来看，福建和海南的粮食生产水足迹（*WFP*）最高，分别达到了 1.978m³/kg 和 1.965m³/kg，新疆、广西、广东和上海排名 3~6 位，均超过了 1.800m³/kg；*WFP* 大于全国值 1.340m³/kg 的省级行政区还有 11 个，包括青海、浙江、辽宁、重庆、黑龙江、江苏、吉林、云南、天津、湖南和贵州；*WFP* 低于 1.200m³/kg 的省级行政区有 12 个，大部分处在北方，其中河南、山东、河北在 1.000m³/kg 以下，为中国粮食生产水足迹最小的省级行政区。

就灌溉农业而言，海南的 WFP_I 为 2.725m³/kg，全国最高，其次是广东、福建和广西；东北三省在 2.200m³/kg 左右，均为 WFP_I 比较高的省级行政区；仅有青海和新疆处在灌溉农业粮食生产水足迹高区的北方旱区，WFP_I 都在 2.000m^3/kg 左右；与 WFP 相似，WFP_I 较低的省级行政区大多位于北方，其中河南、山东、陕西及河北均不超过 0.800m^3/kg，这些省级行政区的 WFP 和 WFP_I 同处全国最低水平；四川、江西及西藏的 WFP_I 估算值分别是 1.002m^3/kg、1.170m^3/kg 及 1.210m^3/kg，均为南方为数不多的低值省级行政区。

WFP 与 WFP_I 紧密相关，二者空间格局的影响因素众多。虽然雨养农业的存在缩小了省级行政区间粮食生产水足迹（WFP）的差异程度，但是其空间格局仍受灌溉农业粮食生产水足迹（WFP_I）的主导。这是因为灌溉农业占粮食产量和粮食水足迹（WF）的绝大多数，如 2010 年全国有灌溉条件的耕地面积占总面积的 49.6%，而产出的粮食总量和产生的粮食水足迹占全国的比例均达到了 74.0%。灌溉农业粮食生产水足迹（WFP_I）与区域的自然条件、作物类型、农业生产水平等因素密切相关：陕西关中和黄淮海平原是中国传统的粮食主产区，地势平坦、土地肥沃，农业生产水平较高，粮食产量较高的同时水资源短缺问题十分严峻，使得灌溉用水得到严格控制，这些地区粮食单产接近 13 500kg/hm^2，人均河川径流量不足 400m^3，平均灌水量仅在 4500m^3/hm^2 左右，故 WFP_I 和 WFP 全国最高；水资源丰富、经济相对发达的华南及东南地区以种植高耗水的水稻为主，属“水稻灌溉地带”，作物灌溉需水指数为 30%~60%，加上农业生产管理粗放使得灌溉引水量较大同时浪费也较大，如灌区统计数据显示，海南的灌溉引水量达 18 000m^3/hm^2，这是 WFP_I 和 WFP 高的主要原因；东北三省也种植了大量的水稻，灌溉引水量也较大，虽然粮食单产较高，但因无霜期短、复种指数仅为 1.000 左右，加上灌溉水利用系数均在 0.450 左右，所以灌溉农业粮食生产水足迹还有很大的降低空间；四川和江西是传统的农业省级行政区和粮食主产区，虽农业生产中水资源投入较多，但粮食单产也较大，故 WFP_I 及对应的 WFP 低于南方其他省级行政区。

对于雨养农业粮食生产水足迹（WFP_R），西南地区和长江下游以北到黄河下游的部分省级行政区较大，而西北和华北平原的大部分省级行政区较低；地处西北旱区的内蒙古、宁夏及甘肃的 WFP_R 值最低，分别为 0.928m^3/kg、0.855m^3/kg 及 0.831m^3/kg。西南地区为农业生产水平相对较为落后的地区，粮食单产水平不高，而作物生育期的降水量较丰富，这是 WFP_R 值较高的主要原因；西北的内蒙古、宁夏及甘肃等地区，长期以来的干旱缺水迫使这些省级行政区对旱作的重视程度很高，随着经济社会的发展与农业生产经验的积累，这些地区成为旱作技术最为先进的地区之一，尽管作物生育期可吸收的有效降水有限，但是该地区的光热充足使得粮食产量水平处于较高水平，所以雨养农业的粮食生产水足迹低于其他省级行政区。

7.4　中国区域粮食虚拟水流动过程分析

7.4.1　省级行政区之间粮食虚拟水流动

中国省级行政区之间粮食调运量由 1950s 的 110 亿 kg 增加到 2000s 的 694 亿 kg，2016 年达到 1176 亿 kg。省级行政区之间 2000s 年均粮食调运量为 1950s 的 6.3 倍，2016 年达到 1950s 的 10.7 倍。同期，由于粮食生产水足迹的减小，相应虚拟水流动量仅增长 2.2 倍，2016 年达到 1950s 的 3.1 倍，为 1233 亿 m^3，其中虚拟蓝水流动量为 447.4 亿 m^3，见表 7-1 和图 7-8。

表 7-1　中国 31 个省级行政区虚拟水流动情况

时段	1950s	1960s	1970s	1980s	1990s	2000s	2011 年	2012 年	2013 年	2014 年	2015 年	2016 年
粮食输出省级行政区的个数	15	14	9	11	14	14	12	12	11	11	11	11
其中：北方个数	5	5	2	4	8	9	9	9	9	9	9	9
粮食调动量（亿 kg）	110	139	181	343	451	694	1061	1095	1155	1162	1212	1176
虚拟水流动量（亿 m^3）	394	433	422	565	594	857	1068	1159	1283	1243	1273	1233

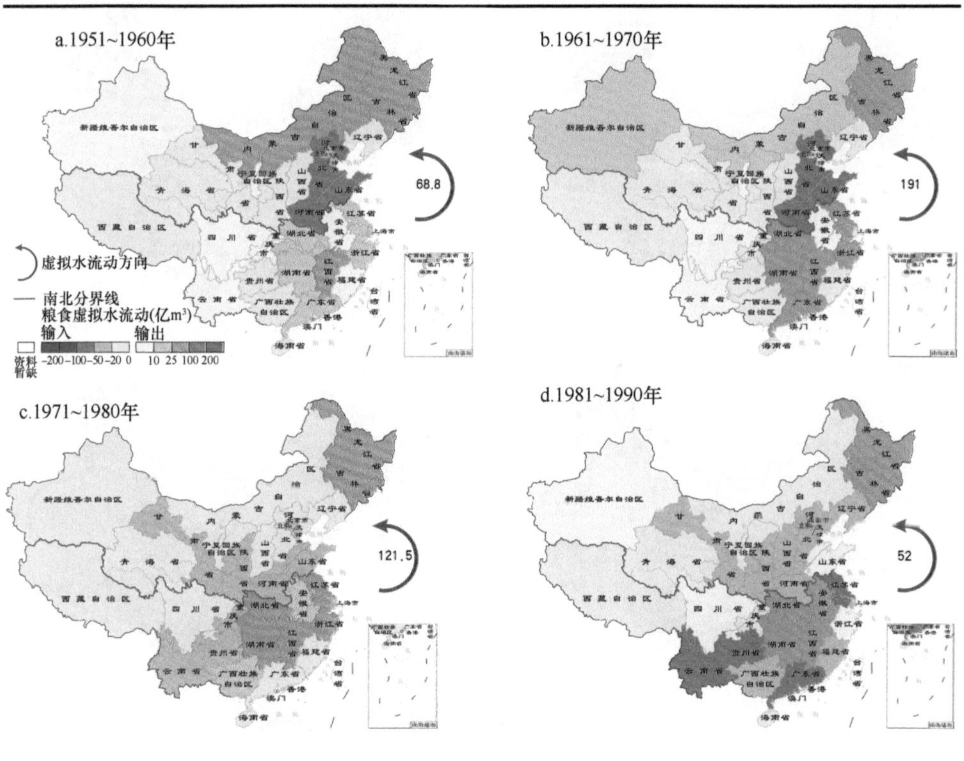

a.1951~1960年

b.1961~1970年

c.1971~1980年

d.1981~1990年

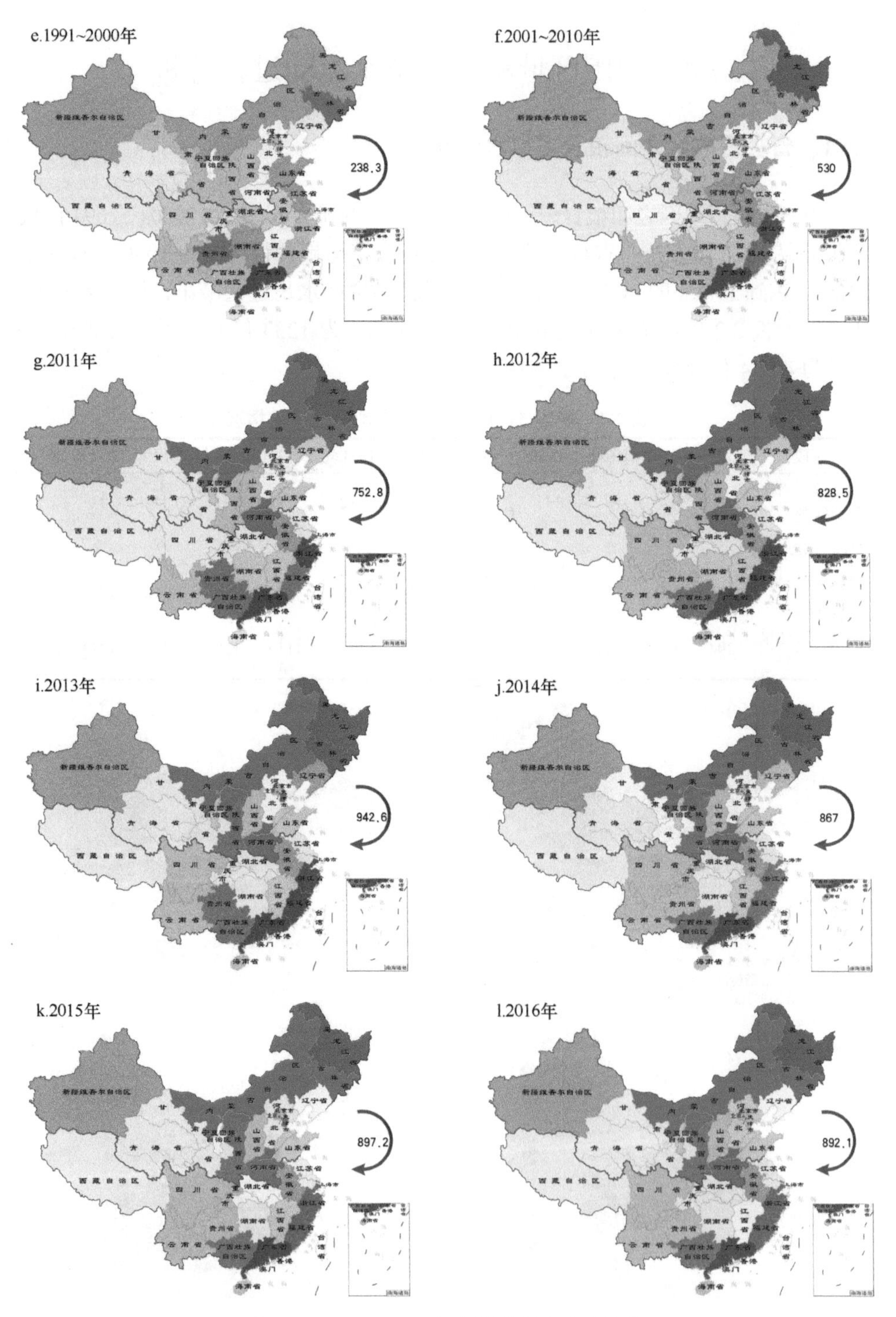

图 7-8　1951~2016 年中国虚拟水流动格局

中国粮食调出省级行政区粮食输出量占其总产量的比例由 1950s 的 11.5%上升到 2000s 的 19.7%，2016 年调出比例为 18.5%；同期调入省级行政区的粮食输入量占它们总产量的比例由 15.6%增加到 49.9%，2016 年调入比例为 23.7%。

虚拟水调出省级行政区个数呈波动变化状态，近年来稳定在 11 个；其中南方省级行政区由 10 个减少到 2 个，曾经的主要粮食虚拟水输出省广东、浙江等省级行政区已经成为粮食虚拟水输入中心；北方省级行政区由 5 个增加到 9 个，并形成了以黑龙江、吉林、内蒙古和河南、安徽为代表的东北和黄淮海两个虚拟水输出中心。

7.4.2　产销区之间粮食虚拟水流动

2015 年主产区粮食虚拟水流出量为 1 161.2 亿 m^3，其中，蓝水为 444.7 亿 m^3，绿水为 716.5 亿 m^3；主销区的虚拟水流入量为 950.6 亿 m^3，其中，蓝水为 386.6 亿 m^3，绿水为 564.0 亿 m^3；平衡区的粮食产量也未能实现自给，粮食虚拟水调入量为 223.3 亿 m^3，其中，蓝水为 58.1 亿 m^3，绿水为 165.2 亿 m^3（图 7-9）。

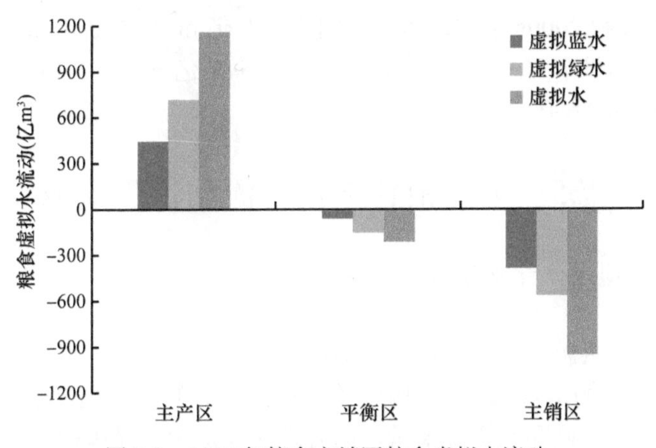

图 7-9　2015 年粮食产销区粮食虚拟水流动

3 个类型区虚拟水流动均以绿水为主，其中平衡区比例最大，为 73.98%；主产区次之，为 61.70%；主销区最小，为 59.33%。

7.4.3　南北方粮食虚拟水流动

自 1990 年开始，中国粮食调运格局由原来的南粮北运转变为北粮南运。1951~1990 年由南方向北方调运粮食，其中 1960s 粮食调运量达到最大，年均为 68 亿 kg。1990 年以后，转变为北方向南方调运粮食，并呈持续增加趋势。2015 年达到最大，为 873 亿 kg（图 7-10）。

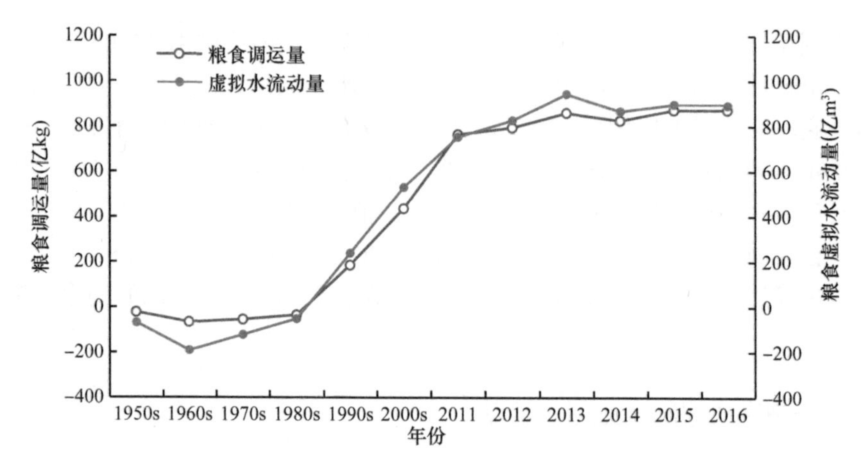

图 7-10　1951~2016 年中国虚拟水流动格局

与此相适应，中国南北方之间虚拟水流动方向也由 1990 年前的“南水北调”转变为 1990 年后的“北水南调”，1950s~1980s 南方向北方输出粮食虚拟水，1960s 最多，年均为 191 亿 m^3；而 1990 年以后，北方向南方输出虚拟水，并呈持续增加趋势，1990s 和 2000s 年均调运量分别为 238 亿 m^3 和 530 亿 m^3。2000s 年均调运量已接近中国母亲河——黄河年均径流量（545 亿 m^3）。2013 年虚拟水北水南调达到最大值 942.6 亿 m^3。

7.5　中国粮食虚拟水流动伴生效应

7.5.1　粮食虚拟水“北水南调”工程

我国水、土资源区域分布极为不均，素有“地在北方，水在南方”之称。区域水、土资源不均衡及水资源短缺已经成为制约国家粮食安全的瓶颈因素。

凭借优越的气候和水资源禀赋，南方地区在历史上是中国的鱼米之乡，素有“湖广熟，天下足”之古训。新中国成立以后，南粮北运量最大值出现在 20 世纪 60 年代。1978 年中国改革开放后，随着国民经济布局的变化，中国粮食生产持续从南方向北方转移与集中，1990 年开始，中国北方人均粮食产量超过南方（图 7-11），传统的南粮北运的格局逆转为北粮南运。南方地区由原来粮食净调出转变为净调入区域；而北方地区由粮食生产净调入转变为净调出区域，形成了“北粮南运”新格局。2005 年中国北方粮食总产量超过了南方（图 7-12）。

这种南北方区域粮食调运格局的改变，无疑对区域水资源调运与分配产生了新的影响。粮食生产需要消耗大量的水资源，区域间粮食调运相当于区域间虚拟水的运移，因此，伴随着北粮南运，内嵌于粮食中的虚拟水流动，形成了粮食虚拟水"北水南调"工程，即缺水的北方通过粮食的调运向丰水的南方输出虚拟水。

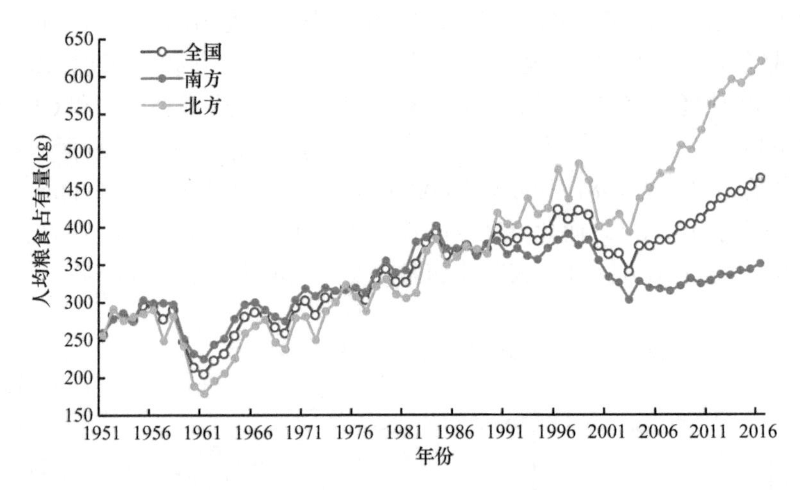

图 7-11　1951~2016 年中国南北方人均粮食产量变化

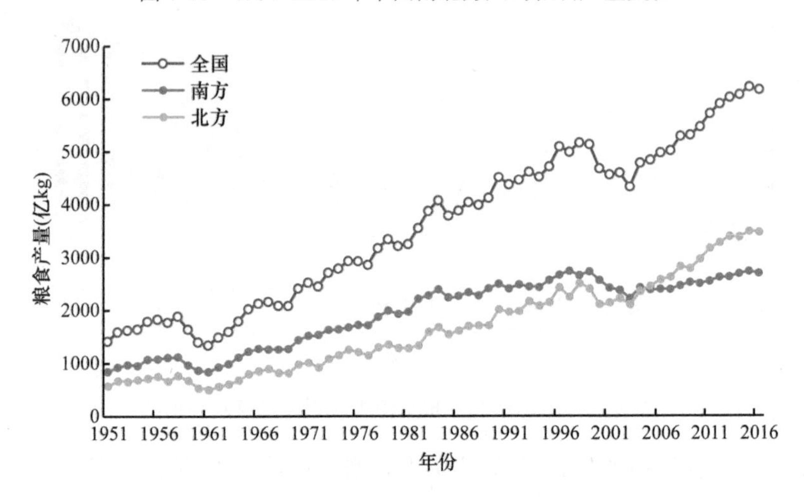

图 7-12　1951~2016 年中国南北方粮食产量变化

"北水南调"现象直到目前仍呈不断上升的趋势，给原本缺水的北方地区带来了巨大的水资源压力和生态压力，并进一步拉大了南北方经济差距，给中国未来的粮食安全问题带来了巨大风险。

7.5.2　粮食虚拟水流动对区域经济的影响

区域虚拟水流动不但会对输入区和输出区水资源压力产生影响，也会通过影响水资源在不同产业间的分配（不同产业之间的蓝水利用比例）对区域经济发展产生重要影响。我国粮食输出区多为第一产业比例大、经济欠发达的北方地区。

在区域可利用水资源有限的情况下，粮食输出区很可能会调整用水结构，降低第一产业用水比例，将高耗水低收益的粮食生产用水转变为高收益的工业用水，以发展区域经济，缩减与发达地区的经济差距。故粮食虚拟水流动间接影响用水结构，会给我国粮食安全带来隐患。通过对中国南北方粮食播种面积和GDP的动态变化分析显示（图 7-13）：从 1981~2010 年，南方地区的粮食播种面积总体上呈波动下降的趋势，从 1981 年的 57 893khm^2 减少至 2010 年的 49 263khm^2，相较于 1981 年下降了 14.91%。而北方地区的粮食播种面积呈先减小后回升的变化趋势，并在 1990 年超过南方区域，其差值随时间变化呈现明显的扩大趋势。

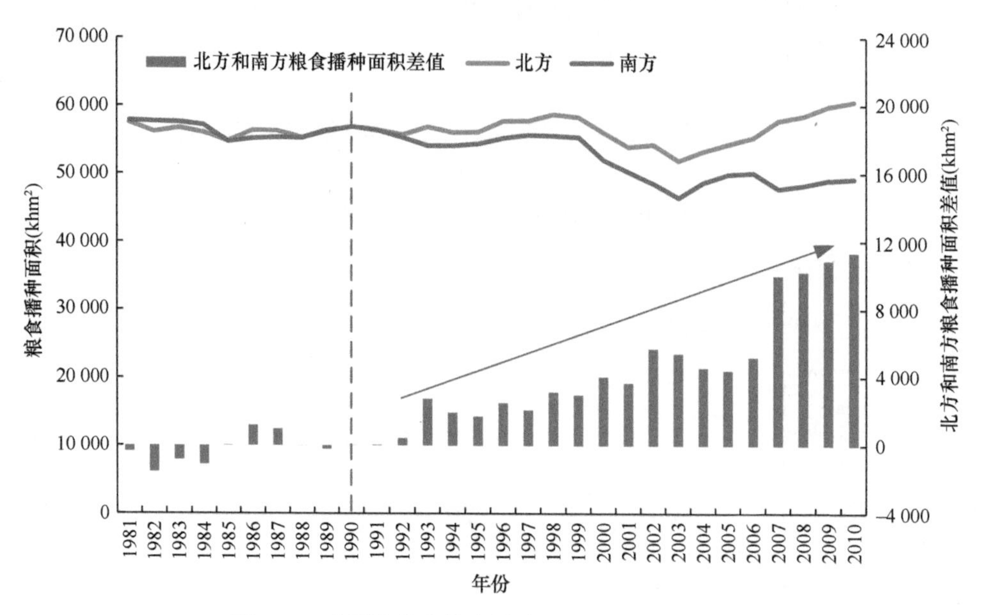

图 7-13　中国南北方粮食播种面积变化及其差值图

伴随着粮食种植的空间分布呈现“北增—南降”演变的过程，南北方经济发展差异越来越突出，如图 7-14 所示，南方和北方地区的经济发展在 1981 年后均呈现增加的趋势，但 1990 年后南方经济发展快速超越北方地区，且随着时间变化南北方的 GDP 差距呈明显的扩大趋势。

下面以 2010 年为例，进一步讨论虚拟水流动对区域经济的潜在影响。

2010 年我国人均 GDP 为 32 792 元。粮食输出区人均 GDP 为 31 776 元，低于粮食输入区的 33 698 元。输出区人均 GDP 低于输入区，不利于区域经济的协调发展。我国省级行政区之间人均 GDP 差异显著（图 7-15），变异系数达到 0.52。上海、北京和天津 3 个直辖市人均 GDP 最高，均超过 7 万元，贵州、云南、甘肃和西藏最低，均低于 2 万元。东部、中部和西部人均 GDP 分别为 45 551 元、25 624 元和 20 773 元，东部人均 GDP 高于中部和西部，分别是二者的 1.8 倍和 2.2 倍，因此中西部向东部输出粮食虚拟水，进一步加大了我国区域间经济差距，给我国粮食安全带来了隐患。北方和南方人均 GDP 分别为 33 360 元和 32 379 元，北方人均 GDP 略高于南方 3.0%。

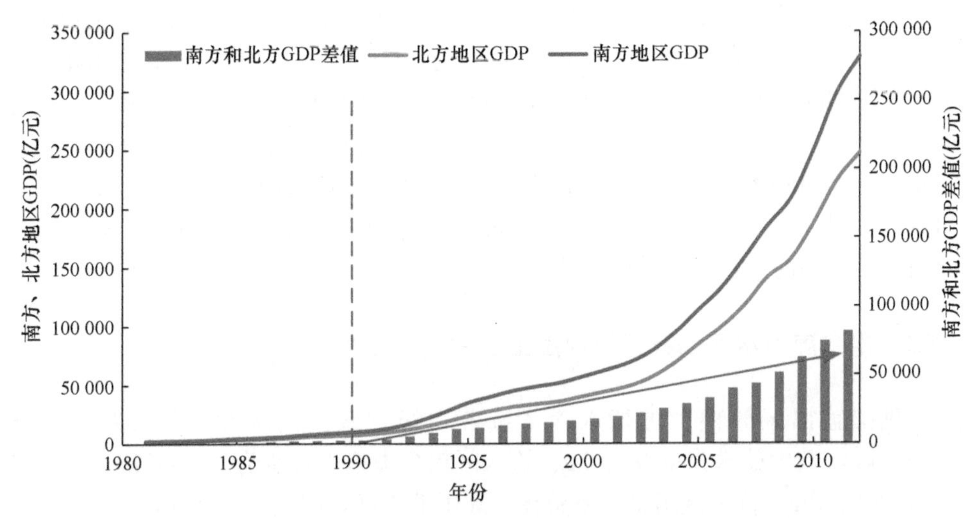

图 7-14　中国南北方 GDP 变化及其差值

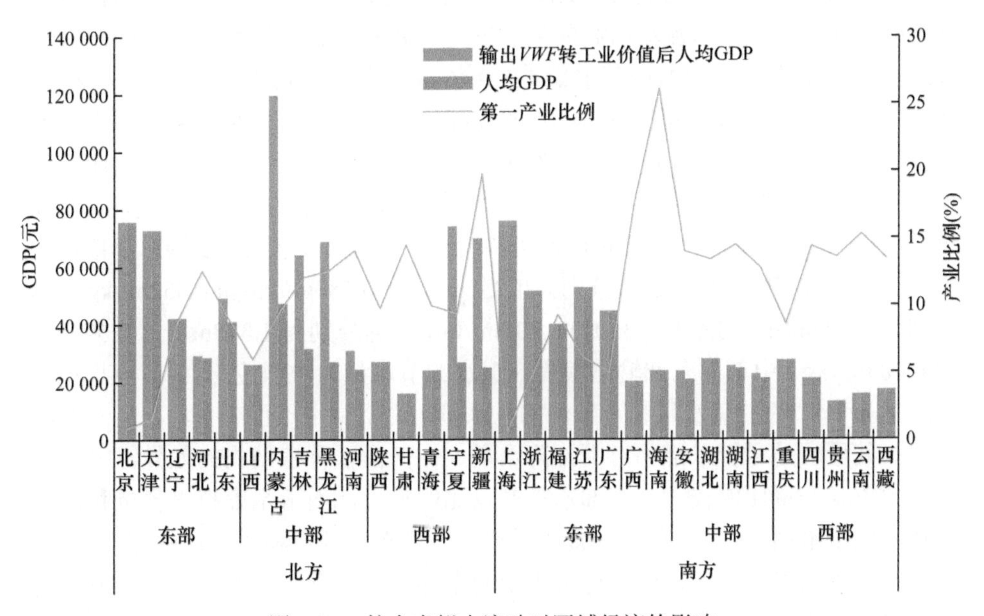

图 7-15　粮食虚拟水流动对区域经济的影响

假设粮食虚拟水输出区为发展经济仅生产供自己区域所需的粮食，不再有粮食虚拟水输出，减少的粮食生产用水全部用于工业生产，则输出区人均 GDP 将有一定的增长。而对于粮食虚拟水输入区，因农业用水处于弱势，很难将其他产业用水转变为农业用水，故这里不再调整输入区的 GDP。调整后，我国人均 GDP 达到 38 388 元，上升 17.1%，表明在现有条件下，改善粮食虚拟水输出区用水结构，有益于区域经济的发展。输出区人均 GDP 增加到 43 428 元，远超过虚拟水输入区，提高了 36.7%。省级行政区之间人均 GDP 差异略有增大，变异系数上升到 0.60。东部、中部和西部人均 GDP 分别为 47 082 元、36 178 元和 25 184 元，东部人均 GDP 仍然最高，分别是中部和西部的 1.3 倍和 1.9 倍，但差距已显著缩小，东部、中部、西部的增长率分别是 3.4%、41.2%和 21.2%。北方和南方人均 GDP 分别为 45 884 元和 32 770 元，北方人均 GDP 增幅远高于南方，分别为 37.5%和 1.2%，北方人均 GDP 将比南方高 40.0%。表明在输出区粮食虚拟水转换为工业用水后，当前为粮食输出区的北方的人均 GDP 将有较大的增长潜力。

7.5.3 粮食虚拟水流动在全局尺度上引起的节水量

我国输出区的粮食虚拟水含量按各省级行政区的粮食产量加权平均为 1.14m^3/kg，其中蓝水为 0.48m^3/kg；输入区粮食虚拟水含量为 1.45m^3/kg，其中蓝水为 0.61m^3/kg。输出区用水效率整体上高于输入区，因此，在全局尺度上，粮食虚拟水流动能产生节水的效果。如图 7-16 所示，在全局尺度上，2010 年我国省级行政区之间粮食虚拟水流动引起的节水量为 578.9 亿 m^3，节水率（节水量/水资源利用量）为 8.5%，其中节约蓝水量 478.9 亿 m^3，节水率为 16.7%。蓝水节约量是绿水节约量的 4.8 倍，而我国粮食生产绿水消耗高于蓝水，表明粮食虚拟水输出省级行政区较输入的省级行政区蓝水比例普遍较低。粮食虚拟水从蓝水利用比例高的地区向利用比例低的地区流动，即以消耗较多的绿水来节约机会成本更高的蓝水，对于减缓区域水资源压力、促进区域可持续发展具有重要意义。我国东部粮食虚拟水、虚拟蓝水和虚拟绿水含量分别为 1.232m^3/kg、0.580m^3/kg 和 0.652m^3/kg，中部分别为 1.204m^3/kg、0.469m^3/kg 和 0.735m^3/kg，西部分别为 1.378m^3/kg、0.594m^3/kg 和 0.784m^3/kg。中部向东部输出粮食虚拟水的节水量为 19.4 亿 m^3，节约蓝水量为 76.7 亿 m^3。节约的蓝水量超过节约的总水量，说明绿水不但未节约，反而消耗得更多。其原因是尽管东部相对中部降水量大，但由于种植结构的差异，中部粮食作物中玉米产量比例较大，东部水稻产量比例较大，而玉米虚拟水含量和蓝水比例通常低于水稻，故生产单位粮食所需要的广义水资源量和蓝水量中部少于东部，而绿水量中部多于东部，进而造成中部向东部输出粮食虚拟水产生蓝水节约而以绿水多消耗为代价。中部向西部输出粮食虚拟水节水量为 17.6 亿 m^3，节约蓝水量为 12.6 亿 m^3。西部较东部从中部调入的粮食量少，而节水量相近，说明东部和中部粮食虚拟水含量差异较小，而西部和东部差异较大。北方向南方输出虚拟水，节水量为 230.6 亿 m^3，其中节约蓝水量 124.3 亿 m^3。

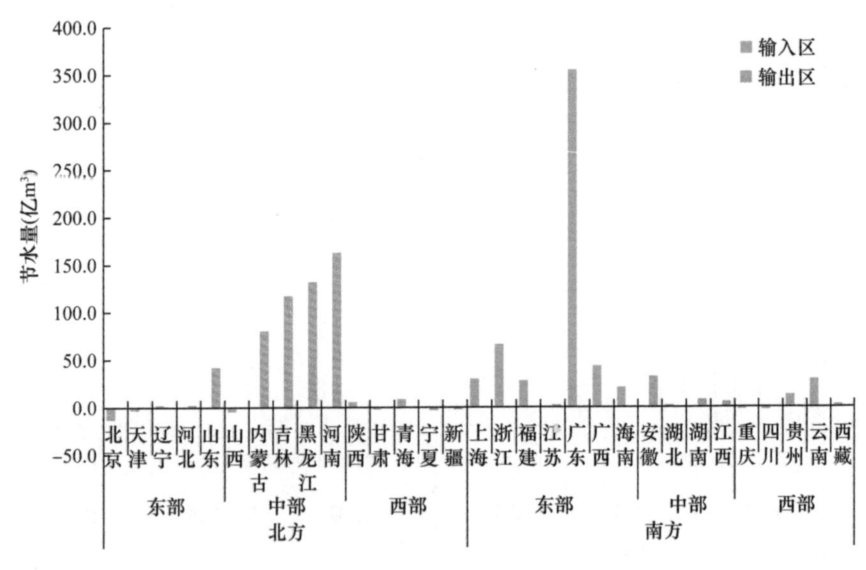

图 7-16　全局尺度上粮食虚拟水流动引起的节水量

7.5.4　粮食虚拟水流动对区域水资源压力的影响

2010 年我国水资源压力指数（*WSI*）为 1.34（按各省级行政区国土面积加权平均），处于中等水资源压力水平。粮食输出区 *WSI* 为 2.04，属于严重水资源压力水平，输出区粮食虚拟水输出对区域水资源压力的贡献率（区域粮食虚拟蓝水输出量占区域蓝水利用总量的比例）为 13.7%。输入区 *WSI* 为 0.67，属于低水资源压力水平，输入区粮食虚拟水输入对区域水资源压力的贡献率（区域粮食调入减少的水资源利用量占区域蓝水利用总量的比例）为 33.9%。输出区水资源压力远大于输入区，给输出区带来了严重的水资源压力和生态压力，也给我国粮食安全带来安全隐患。我国省级行政区之间 *WSI* 差异显著（图 7-17），变异系数达到 0.93。华北和西北地区大部分省级行政区的 *WSI* 较高，西南地区的省级行政区 *WSI* 均较低。其中河北 *WSI* 最高，是 *WSI* 最低省份（西藏）的 161 倍。中部 *WSI* 低于东部但高于西部，故总体而言，中部向东部输出粮食虚拟水有利于降低水资源压力。北方 *WSI* 为 1.90，南方 *WSI* 为 0.48，北方 *WSI* 远高于南方，北方向南方输出粮食虚拟水，增加了北方水资源压力。

假设无虚拟水流动情况下，即各省级行政区根据本区域消费的需要进行粮食生产，达到生产与消费的平衡。粮食输出省级行政区可以减少用于生产调出粮食所需要的水资源量，而粮食输入省级行政区需要增加用于生产调入粮食所需要的水资源量。则我国水资源压力总体为 1.23，下降 8.2%，表明粮食虚拟水输出总体上加剧了我国的水资源压力。输出区 *WSI* 可以下降到 1.61，下降了 21%，从严重

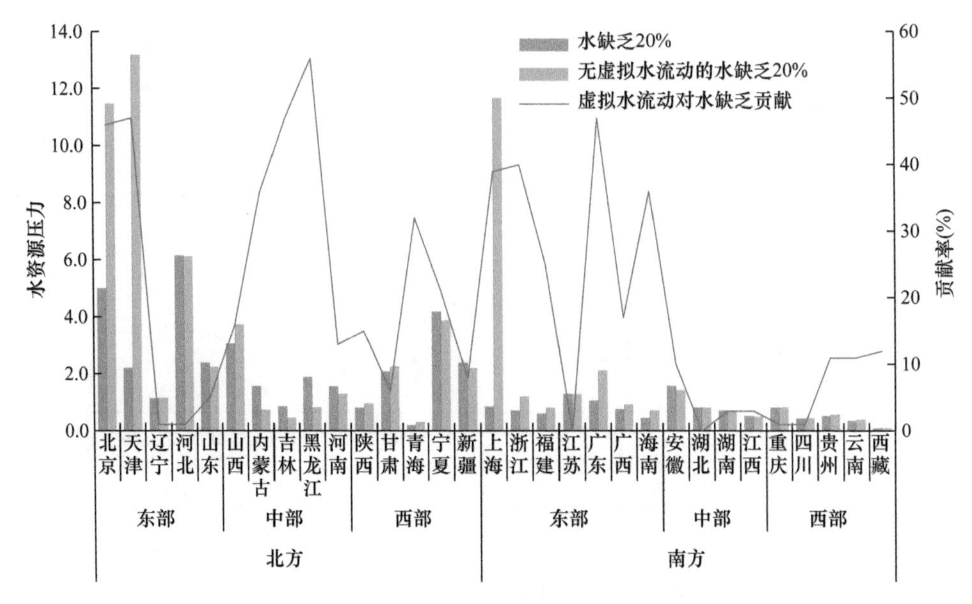

图 7-17　粮食虚拟水流动对水资源压力的影响

水资源压力水平降为高水资源压力水平。输入区 *WSI* 上升到 0.86，上升了 28%，仍处于低水资源压力水平。省级行政区之间 *WSI* 差异加大，变异系数上升到 1.42，主要原因是北京、上海和天津 3 个直辖市由于粮食调入比例很大，在无虚拟水流动的情况下，*WSI* 上升到 10 以上，省级行政区之间标准差系数从 1.42 上升到 3.46 所致。中部 *WSI* 从 1.38 下降到 0.88，水资源压力从中等水资源压力转变为低水资源压力水平。东部 *WSI* 从 2.17 上升到 2.66，西部 *WSI* 从 1.12 下降到 1.09。西部尽管整体上是粮食虚拟水输入区，但粮食虚拟水的输入并未使得 *WSI* 下降，反而有一定的上升。其主要原因是作为粮食虚拟水输出的新疆和宁夏，*WSI* 较大，属于严重水资源压力地区，且新疆土地面积很大，而作为虚拟水输入区的西南各省级行政区，*WSI* 都比较小。北方 *WSI* 可下降到 1.65，下降 13%，南方 *WSI* 上升到 0.58，上升 21%。北方向南方输出粮食虚拟水，加剧了北方水资源压力。

7.5.5　粮食生产水足迹调控

我国水资源压力已总体上处于中等水资源压力水平，北方处于高水资源压力水平，未来要满足人口高峰期（约 2035 年）的粮食需求，不能再通过提高水资源开发利用率、增加农业灌溉量来实现，唯一的途径是提高农业用水效率。

粮食生产水足迹在空间上的差异悬殊，如 2010 年，省级行政区粮食生产水足迹最大的为 2.380m^3/kg，最小的为 0.753m^3/kg，最大值为最小值的 3.2 倍；粮食主产区为 1.116m^3/kg，粮食主销区为 1.893m^3/kg，主销区是主产区的 1.7 倍；北方地区为 1.088m^3/kg，南方地区为 1.435m^3/kg，南方是北方的 1.3 倍。

我国各省级行政区粮食生产水足迹的空间差异主要是农业管理水平和农业节水技术推广应用程度不同造成的。经济欠发达的粮食主产区和贫水的北方地区粮食生产水足迹小，农业用水效率相对较高，但较低的经济投入能力与农业节水效益限制了这些地区节水农业的进一步发展。而经济相对发达的主销区和富水的南方地区粮食生产水足迹现状值较高，表明这些地区尽管经济实力强，但由于第一产业比重小，水资源又相对丰沛，对农业生产用水投入不够重视，缺乏农业节水的动力，但这些地区未来具有更大的节水空间与潜力。

此外，尽管我国粮食虚拟绿水含量高于蓝水，绿水在粮食生产中具有重要地位，但与欧美等发达国家相比，绿水比例明显偏低，为充分利用绿水，除应确保粮食播种面积不减少之外，各区域还应通过调整作物结构，增加绿水利用比例高的作物种植面积。

强化政府宏观调控职能挖掘农业节水潜力。我国区域之间粮食生产水足迹差异显著，说明在现有技术水平下，我国农业节水仍有较大潜力可以挖掘，产生这种现象的主要原因在于不同区域对节水农业发展的重视程度不够。建议尽快启动研究实施国家粮食生产用水补偿奖惩制度，制定区域粮食生产水足迹控制标准，在控制标准内的农业生产用水，实行免费用水，高于控制标准的，实施阶梯式水价，从而进一步挖掘农业节水潜力，缓解北方粮食生产水资源压力，保障国家粮食安全。

引入市场机制大力发展现代节水农业。目前农业节水工程一般为政府投资，企业承包建设，由于管理主体与工程产权不明确，工程运行与后续管理跟不上，导致工程效益不能充分发挥。建议国家尽快研究出台相关政策，鼓励并支持节水企业投资建设经营与管理农业节水工程，吸纳社会资金用于节水工程建设，解决基层节水工程运行管理难题，促进国家节水农业发展。

7.5.6　粮食虚拟水流动调控

粮食安全关系到一个国家的经济安全和社会稳定，但相对其他产业而言，粮食是高耗水低收益的产业。因此，在水资源紧缺的情况下，不仅要统筹考虑好地表水和地下水、降水和灌溉水，也要在对实体水进行优化配置的同时考虑虚拟水的配置，并需要从区域内、外部分别考虑虚拟水的调控。

我国区域间粮食虚拟水呈现从用水效率高的地区流向效率低的地区，由经济欠发达的地区流向经济相对发达的地区，由贫水的北方地区流向富水的南方地区的格局。这种流动格局尽管在全局尺度上有一定的节水效应，但粮食虚拟水输出给输出区带来了巨大的水资源压力和生态压力，而粮食价格中又未能体现水资源的价值，进一步拉大了输出区和输入区的经济差距。

粮食虚拟水“北水南调”工程加剧了北方水资源危机。水资源量仅占全国总量 16.8%的北方地区向丰水的南方地区输出大量粮食虚拟水，致使北方地区大量开采地下水，目前北方 65%的生活用水、50%的工业用水和 33%的农业用水均来自地下水，已远远超过了区域地下水的容许开采量，出现水荒的概率不断增加。

粮食虚拟水“北水南调”工程危及国家粮食安全。北方各省级行政区农业用水比重普遍高于南方的省级行政区，基于区域水资源压力与经济发展需求，北方地区存在压缩粮食种植比例，降低农业用水比重，从而给国家粮食安全带来潜在危机。

粮食虚拟水“北水南调”工程拉大了南北方经济差距。北方经济总体较南方落后，且差距呈增大趋势。农业比较经济效益低，“北水南调”无疑是南北方经济差距持续拉大的复杂多样原因中的重要原因。

粮食生产向缺水的北方和经济欠发达的中、西部转移与集中，在未来一定时期内将长期存在并有一定的加强趋势，这种趋势对水资源、生态系统及经济社会系统而言都是不可持续的。如何尽快扭转这种趋势，对我国农业水利政策法规的制定与实施，以及经济杠杆的合理使用提出了双重考量。未来输入区应重视粮食生产及用水水平的提高，适当增加高耗水粮食作物的种植面积；应实施粮食虚拟水补偿政策，从粮食虚拟水输入区征收，补偿虚拟水输出区。

依靠现有南水北调实体工程难以支撑中国北方粮食生产，解决这一问题的唯一出路只能是依靠科学技术，大力发展现代节水农业，提高粮食生产的综合用水效率。考虑到中国南北方经济状况的现实差距，以及粮食虚拟水“北水南调”工程的长期运行，建议国家实施区域虚拟水贸易战略，同时，加强区域农业水足迹演变与控制研究，制定区域农业水足迹相关技术标准，为实施区域虚拟水贸易战略提供科学依据与政策支持。

对于缺水国家，在进行国际贸易时实施虚拟水战略，即出口水疏松型产品（虚拟水含量低的产品），输入水密集型产品（虚拟水含量高的产品），有利于缓解国家水资源压力。

第 8 章　总结与展望

本章系统总结近些年来在农业水足迹和虚拟水流动研究方面取得的成果，全面介绍农业虚拟水和水足迹研究领域的理论及方法科学体系，分析虚拟水和水足迹理论与传统农业水管理模式相比的优势，提出将虚拟水和水足迹理论用于我国农业水管理的方法框架。本书的主体内容介绍了不同空间尺度农业水足迹量化和虚拟水管理案例，对农业领域虚拟水和水足迹理论方法的发展和应用进行了重要探索。本书最后论述了虚拟水和水足迹领域若干研究热点问题与未来发展趋势，对基于虚拟水和水足迹理论的水资源可持续管理策略进行了探讨。

8.1　农业水足迹与区域虚拟水流动解析研究小结

本书主要围绕将虚拟水和水足迹理论用于农业水管理的这一科学设想，揭示了农业水足迹是农业用水效率评价的重要指标之一，且具有独特优势；提出了基于水足迹的农业用水评价和区域虚拟水调控的农业水管理策略，建立了一套农业水足迹核算与区域虚拟水流动的评价方法。通过实际应用案例表明本研究的科学性与评价方法的可行性。

1）明晰了虚拟水和水足迹的基本概念，梳理了虚拟水和水足迹概念的产生、发展历程与应用前景，提出了将虚拟水和水足迹理论用于农业用水效率评价与农业水管理的科学设想。

2）在介绍农业水足迹相关概念科学内涵与构成要素的基础上，分别对旱作农业与灌溉农业用水效率评价指标进行了系统分析，剖析了传统农业用水效率评价指标体系的局限性与多元化问题，指出采用作物生产水足迹作为农业用水效率评价指标可有效解决传统农业用水效率评价指标体系的不足。

3）初步建立了基于虚拟水调控的农业水管理科学框架，从而为有效解决目前农业用水面临的新挑战、丰富农业节水内涵与技术途径提供了科技支撑。在分析区域农业虚拟水的科学内涵、影响因素和流动过程评价要素的基础上，重点论述了区域农业虚拟水流动过程调控路径及基于区域农业虚拟水流动过程调控的农业水管理策略。

4）论述了农业水足迹量化和区域虚拟水流动的计算与评价方法，为利用农业水足迹进行农业用水效率评价及基于虚拟水流动调控的农业水管理提供方法依据。同时，提出了农业水足迹估算与区域农业虚拟水流动评价亟须研究解决的若干问题。

5）以河套灌区为研究对象，介绍了农业水足迹与区域农业虚拟水流动在灌区尺度的应用案例。该研究可为灌区尺度基于作物生产水足迹的用水效率评价及基于区域作物虚拟流动过程调控的农业水管理提供参考，研究成果可为灌区农业水管理与节水农业规划提供科学依据。

6）以黄河流域为例，介绍了农业水足迹与区域虚拟水流动在流域尺度的解析应用案例。对流域近 50 年来田间尺度主要农作物生产水足迹时空演变过程、变化趋势及影响因素进行了系统分析，以流域蓝水稀缺度量化分析与评价为基础，建立了基于水足迹的流域水安全评价方法，并应用于黄河流域水安全评价，对黄河流域水资源管理提出了若干思考与建议。

7）以全国为研究对象，介绍了农业水足迹与区域虚拟水流动在国家尺度解析应用案例。对中国南北方、灌溉农业与旱作农业粮食生产水足迹，区域粮食贸易引发的区域虚拟水流动过程进行了解析，并对区域虚拟水流动的伴生效应进行了剖析，提出了国家尺度基于粮食生产水足迹与虚拟水流动过程调控的农业水管理策略。

本书系统总结了农业水足迹与区域虚拟水流动研究进展，论述了虚拟水与水足迹领域若干研究热点问题与理论发展趋势，对基于虚拟水和水足迹理论的水资源可持续管理策略进行了探索，提出了统筹实体水和虚拟水的水资源可持续管理新理念，为实现农业高效用水及科学管理，助推农业绿色发展提供新思路和理论支撑。

8.2　农业水足迹和虚拟水若干热点问题

8.2.1　产品水足迹量化与不确定性研究

1993 年，英国学者 Allan 提出了虚拟水概念，随后 2002 年，荷兰学者 Arjen Y. Hoekstra 基于生命周期原理，进一步将虚拟水和生态足迹理论结合提出水足迹的概念。目前，水足迹理论越来越多地被国内外应用到水资源管理工作之中，但水足迹只是水消耗和水污染的体积衡量指标，而不是对当地资源和环境影响程度的衡量指标，同时，学界对不同产品和服务的水足迹量化方法的研究还存在不足。具体来说，目前水足迹量化存在边界和方法不统一等问题，主要是由于水的消耗和污染量及其时空分布会受到生产和供应链的组织方式和特征的深刻影响。如何解析和准确地量化这种影响，开发能够涵盖水量、水质、水环境及水资源时空特性的综合水足迹量化模型是目前亟须攻克的难题。另外，当前水足迹评价缺乏面向社会、经济、环境等各方面的综合评价方法，学界目前主要采用用水定额标准进行用水总量控制管理，其只关注直接用水总量，忽略了间接用水和水污染，难免使得评价结果不全面，不能真实反映经济生产和社会消费对水资源系统的真实影响。更为重要的是，水足迹量化的不确定性控制是水足迹领域的研究重点，目前由于水足迹数据库的缺失、水足迹量化方法存在的不足及计算手段的限制，因此，提升水足迹量化过程中的精确度，降低不确定性误差，统一水足迹量化方法，整合水足迹量化的平台和手段是下一步研究的一个重要方向。

8.2.2　变化环境下虚拟水和水足迹研究的重要性

当前，在人类活动和气候变化的双重影响下，流域或区域的水循环过程及水消耗过程均发生了剧烈的变化。从自然系统来看，气候变暖加速了水循环速率，同时人类的取—用—耗—排等用水行为作用于自然水循环系统，促使水资源的演变过程更为复杂。在此背景下，从农业水足迹形成过程来看，雨养农田由于气候变化和降水结构的变化，导致农产品生产水足迹发生了系统性变化，而灌溉农田由于受到强人类活动的干预和管理，其生产水足迹的变化特征将更为显著。从经济社会系统来看，受气候变化和经济水平提高的影响，对水资源的公共服务需求将急剧增长。以能源消费为例，全球变暖势必增加人类对能源的需求量，而化石能源的生产伴随着大量水资源的消耗，进而引发更为密集的区域内或跨区域虚拟水贸易，带来更为复杂的水资源问题。总体来看，开展变化环境下虚拟水和水足迹管理研究是未来水资源研究领域的重要命题，应着眼于社会生产、商品贸易和社会消费的全产业链，促进水文学、水资源学、宏观经济学等多学科交叉，实现国民经济系统和生态环境系统协同安全和可持续发展。

8.2.3　实体水-虚拟水统筹配置研究

水资源是国民经济和生态环境不可或缺的自然资源，其功能丰富，广泛应用于社会生产、生活的各个方面。近些年来，人类经济社会对水资源需求的急剧增长和水资源的有限性之间产生的矛盾越来越凸显。传统水文水资源学科以水循环过程认知和水资源高效利用为目的，建立了以实体水的“运动—演变—利用—影响”为路径的理论架构。在上述理论支撑下，人们运用调蓄工程、跨流域调水工程、海水淡化工程等多种措施实现水资源的开源取用和节流增效，追求水资源利用效率的提升和水资源系统的可持续发展。事实证明，实体水资源的增加供应、优化分配和节约使用等措施并不能完全解决区域的水资源问题，尤其是在经济全球化的大背景下，社会产品的市场竞争和区域发展的不均衡性进一步加剧了贫水地区的水资源供需矛盾，这种矛盾仅通过实体水资源的调度和调控已难以解决。

节水是应对水资源短缺最为重要的措施之一，但传统的水资源管理和节水研究仅限于实体水的节约。虚拟水和水足迹理论的提出突破了实体水的局限，通过水足迹的控制和虚拟水贸易还可以从系统的角度实现节水，即实体水-虚拟水统筹管理的广义节水。特别是在占我国水资源消费量 60%左右的农业领域，通过减少土壤无效蒸发，减少灌溉水量来实现节水的同时，根据各地气候类型、土壤质地、水资源禀赋等条件带来的农产品区域间虚拟水含量比较优势，指导农业生产布局和种植结构调整。在保障粮食安全的前提下，发挥虚拟水资源使用效益，充分利用土壤中的绿水资源，实现有限水资源效用的最大化。工业生产当中也是同样的道理，在提高产量、提高水资源利用效率的过程中降低了生产同等数量产品的水耗，实现了节水。

目前，基于实体水-虚拟水统筹管理的广义节水理念发展起来的实体水-虚拟水资源联合配置方法是虚拟水和水足迹领域研究的热点和前沿问题。实体水-虚拟水联合配置方法将虚拟水手段纳入传统以实体水为研究对象的水资源配置中，其基本思想是在关注水资源作为物质运动规律的同时，考虑水资源在经济生产和社会消费过程中的价值流动特性，在认识实体水-虚拟水耦合流动基本规律基础上，以区域用水差异最小化、用水成本最小化、水环境影响最小化为目标开展优化计算，统筹实体水和虚拟水利用，开展全口径水资源配置和利用研究，解决区域水资源短缺问题。

8.2.4 虚拟水和水足迹未来研究趋势

20 世纪 90 年代虚拟水概念提出以来，其基本理论、核算方法和实证研究在国内外得到了蓬勃发展。水足迹概念自 2003 年提出以后，更加丰富了虚拟水的理论研究，水足迹核算是近年来国际水科学理论研究的重要内容之一。过去 10 年来，国际上着重对全球农产品及其衍生产品、畜产品及其衍生产品、林产品及生物能源水足迹进行了核算。但是水足迹核算和虚拟水量化方法还不统一，“算不出，算不对，算不准”问题十分突出，虚拟水在水资源管理中的优势和作用还未充分发挥出来。总体而言，未来虚拟水和水足迹理论的发展趋势主要有：①主要行业水足迹精准量化研究。特别是在高耗水农业领域，不同地区农田气候特点差异大、灌溉制度复杂、种植管理方式多样化等现象导致的作物水足迹量化方法难以统一且结果可靠性低，难以支撑农业领域水足迹影响评价与水资源精细化管理等实践需求。因此，作物水足迹量化方法及工具研究是当前虚拟水和水足迹理论研究的重要趋势之一。除此以外，工业产品及服务业的水足迹量化评价仍是当前和今后一段时间虚拟水和水足迹领域的研究热点之一。②实体水-虚拟水统筹的水安全保障研究。虚拟水是水安全战略研究的新内容。理论和实践证明，虚拟水核算和水足迹评价可为支撑产业结构调整、虚拟水贸易和节水政策实施提供重要依据。应对新形势下水资源问题，着力构建实体水-虚拟水耦合流动的社会水循环理论体系，通过实体水-虚拟水统筹配置保障水资源系统的安全稳定运行是今后的主要研究领域。③足迹理论的综合研究。水足迹是“足迹家族”的一员，与生态足迹、碳足迹、能源足迹等“足迹”概念都是人类消费中自然资源消耗的重要指标。将不同领域的各种足迹概念进行整合，形成统一的概念框架和分析体系，从而实现对经济社会发展有着重要限制作用的水资源、土地资源、能源等综合评价将是今后重要的研究课题之一。

8.3　基于虚拟水和水足迹理论的水资源可持续管理

水资源作为支撑区域经济可持续发展的重要资源，对区域经济社会的稳定发展及生态系统的良性循环都有着十分重要的意义。水资源可持续利用的目的是保障和满足地球上生态系统，人类经济社会健康的可持续发展对所需水量及安全水质的要求。为了解决世界性的水资源紧缺，不仅需要使用开源节流等传统的手段提高水资源利用效率，而且要在水资源管理等方面进行完善和创新。水足迹理论的应用，不仅能真实地衡量一个国家（或地区）水资源利用状况，同时也可以反映该国家（或地区）对全球水资源的利用和依赖的程度。因此，虚拟水进口也是水资源的外部来源，可缓解进口区域水资源紧缺的压力，世界上许多缺水严重的国家，通过虚拟水贸易，进口粮食等农产品来保障其水资源的可持续利用及经济社会的良性发展。虚拟水和水足迹理论在水资源可持续管理方面的应用主要包括以下几点。

（1）农业用水可持续管理策略

利用虚拟水和水足迹理论实现农业用水的可持续管理，主要在于如何调控农业水足迹，实现虚拟水合理流动，从而达到农业高效用水、实现水资源的可持续利用的目的。对于传统灌区，灌溉面积的增加是区域水足迹增加的最主要因素，因此推行节水灌溉、提升田间水分有效利用水平既可以保障区域粮食安全，又可以提高区域农业用水效率。虚拟水和水足迹理论的提出，拓展了节水农业的认知范畴，除了采用节水灌溉降低农产品的水足迹以外，调整农业产业结构也能够为实现水资源可持续利用提供科学有效的支撑。为保障水资源可持续利用，应调减相对比较优势低、高耗水的农业产业，发展耗水少、效益高的农产品。对于干旱缺水地区，要适当压缩农业生产规模，发展旱作农业，推广集雨补灌技术，从系统的角度解决区域水资源供需矛盾。

（2）工业生产中水资源可持续管理策略

工业生产中水资源可持续管理策略的制定，主要应从如何降低工业水足迹、提高区域水资源效率等方面考虑。工业水足迹的影响因素较多，要降低工业产品的水足迹，可通过调整产业结构、提高生产水平及建立科学有效的水资源管理制度等措施实现。具体措施主要有：①推行节水工艺、再生水循环利用及节水设备等工业节水技术，提升工业用水效率。②在工业生产管理环节中推行严格的用水定额制度、节水计量制度及实施阶梯水价等措施，从而达到企业主动节水目的。③针对水资源蕴藏丰富而工业用水效率较低的区域，可通过明确企业水权，实施统一的区域水资源配置等措施，从而达到提高区域用水效率目的。

（3）调整区域产业结构实现水资源可持续管理

调整区域产业结构对于实现水资源可持续利用有着十分重要的意义。农业作为第一产业其用水比例很大，作为第二产业的工业次之，作为第三产业的服务业用水比重最小。我国目前处于快速工业化进程中，工业比重及工业总产值呈现持续增加的态势。煤炭产业、石油化工、木材加工及纺织等高耗水行业均依赖第一产业供应生产原材料，因此第二产业如果大规模发展就会引发整个行业的水资源危机。发达国家的经验是第二产业所占 GDP 的比重为 40%左右时，该地区的工业耗水量会明显降低。因此在水足迹比较大的地区，可以通过调整产业结构，在保障粮食安全的前提下，合理调整第一产业和第二产业比重，增加第三产业比重，从而达到降低该区域水足迹目的。

（4）建立区域虚拟水贸易制度

对于极度缺水的地区，可以通过建立区域虚拟水贸易制度来实现水资源的可持续管理。从水资源丰富的地区购买产品来缓解水资源短缺地区用水矛盾。虚拟水战略就是针对传统水资源管理难以解决问题而提出的新水资源管理方案。如果一个国家出口虚拟水密集型产品给其他缺水国家，实际上就是以虚拟水的形式向外输出了水资源。通过这种方式，一些国家向另外一些国家提供丰富的水资源产品，满足其用水需求。水资源匮乏的国家可以通过进口水资源密集型产品来确保本国的水资源安全，水资源丰富的国家则可以通过出口水资源密集型产品来获得经济收入，促进本国经济的发展。因此，虚拟水贸易可以缓解进口国或地区自身的水资源压力，为这些国家和地区提供一种水资源供给的有效替代途径。通过适当而公平的贸易协议进行虚拟水贸易，对于促进干旱国家或地区水安全、实现水资源的可持续利用及提高粮食安全、改善生态环境都具有积极意义。

8.4 统筹实体水和虚拟水管理，实现农业用水高效可持续利用

由于对水资源的过度开发和不合理的利用，引起了一系列问题。我国缺水问题十分严峻，农业用水消耗大，浪费现象严重，渠系水利用系数和田间水利用系数都比较低；水环境污染也是目前我国农村生态环境面临的重要问题之一，农药化肥

的过量投入、废弃物的随意排放及养殖业污染都是造成农村水环境污染的根源。由于我国灌溉农业的快速发展，西北地区人工绿洲中经济耗水量增大，挤占了天然绿洲的生态耗水，加之流域中、上游水资源开发利用程度的提高，导致西北内陆河流域下游生态环境恶化。审视我国水资源系统出现的问题，除了以上在“实体”水维度出现的问题以外，在“虚拟水”维度也出现了不可忽视的问题。1990 年以来，我国“北粮南运”格局逐渐形成，每年从北方输送到南方的粮食中蕴含的水资源量从 90 亿 m^3 增长到 500 亿 m^3 以上。由此看来，我国实体水通过“南水北调”工程由南方调往北方，而由南方调入北方的水资源似乎又通过粮食贸易返还给南方地区，从而产生了实体水“南水北调”和农业虚拟水“北水南调”的矛盾和挑战。

近些年，国内外针对虚拟水和水足迹进行了大量深入的研究，取得了一系列重要成果，特别是在虚拟水流动量化、虚拟水贸易、水足迹核算等方面均取得了重要进展。然而，如何将虚拟水和水足迹理论应用于国家和区域的水资源管理实践，如何指导国民经济和社会发展对水资源的高效可持续利用，还有许多问题需要研究解决。虚拟水和水足迹研究应紧密围绕我国的治水实践，提升有限水资源对国民经济和生态环境健康可持续发展的支撑能力。可以预见，实体水-虚拟水统筹管理为水资源优化配置理论的发展提供了良好的前景。

我国的水资源优化配置研究经过了面向国民经济的水资源优化配置、面向生态的水资源优化配置、全要素投入的水资源优化配置和广义水资源合理配置等几个阶段。不过上述水资源优化配置思路都有明显的缺陷，主要是在配置水资源过程中基本上考虑的是生产环节和生活用水、生态用水等直接消耗用水，并没有考虑消费环节和进出口环节中的水资源流动过程。因此，配置结果具有一定的片面性，其配置效果也无法达到全局最优。实体水-虚拟水统筹配置方法通过有效联结区域消费水足迹和生产水足迹，有机耦合实体水和虚拟水确定水资源优化配置方案，通过蓝水足迹、绿水足迹和灰水足迹等指标合理评估水资源优化配置的效果，将水资源优化配置研究推向一个新阶段。可以预见，实体水-虚拟水统筹管理将是未来区域水资源安全保障的重要理念和方法。